上海市中等职业学校
首饰设计与制作
专业教学标准

上海市教师教育学院（上海市教育委员会教学研究室）编

上海教育出版社
SHANGHAI EDUCATIONAL
PUBLISHING HOUSE

上海市教育委员会关于印发上海市中等职业学校第六批专业教学标准的通知

各区教育局,各有关部、委、局、控股(集团)公司:

为深入贯彻党的二十大精神,认真落实《关于推动现代职业教育高质量发展的意见》等要求,进一步深化上海中等职业教育教师、教材、教法"三教"改革,培养适应上海城市发展需求的高素质技术技能人才,市教委组织力量研制《上海市中等职业学校数字媒体技术应用专业教学标准》等 12 个专业教学标准(以下简称《标准》,名单见附件)。

《标准》坚持以习近平新时代中国特色社会主义思想为指导,强化立德树人、德技并修,落实课程思政建设要求,将价值观引导贯穿于知识传授和能力培养过程,促进学生全面发展。《标准》坚持以产业需求为导向明确专业定位,以工作任务为线索确定课程设置,以职业能力为依据组织课程内容,及时将相关职业标准和"1 + X"职业技能等级证书标准融入相应课程,推进"岗课赛证"综合育人。

《标准》正式文本由上海市教师教育学院(上海市教育委员会教学研究室)另行印发,请各相关单位认真组织实施。各学校主管部门和相关教育科研机构要根据《标准》加强对学校专业教学工作指导。相关专业教学指导委员会、师资培训基地等要根据《标准》组织开展教师教研与培训。各相关学校要根据《标准》制定和完善专业人才培养方案,推动人才培养模式、教学模式和评价模式改革创新,加强实验实训室等基础能力建设。

附件:上海市中等职业学校第六批专业教学标准名单

上海市教育委员会

2023 年 6 月 17 日

附件

上海市中等职业学校第六批专业教学标准名单

序号	专业教学标准名称	牵头开发单位
1	数字媒体技术应用专业教学标准	上海信息技术学校
2	首饰设计与制作专业教学标准	上海信息技术学校
3	建筑智能化设备安装与运维专业教学标准	上海市西南工程学校
4	商务英语专业教学标准	上海市商业学校
5	城市燃气智能输配与应用专业教学标准	上海交通职业技术学院
6	幼儿保育专业教学标准	上海市群益职业技术学校
7	新型建筑材料生产技术专业教学标准	上海市材料工程学校
8	药品食品检验专业教学标准	上海市医药学校
9	印刷媒体技术专业教学标准	上海新闻出版职业技术学校
10	连锁经营与管理专业教学标准	上海市现代职业技术学校
11	船舶机械装置安装与维修专业教学标准	江南造船集团职业技术学校
12	船体修造技术专业教学标准	江南造船集团职业技术学校

目 录

CONTENTS

第二部分
上海市中等职业学校首饰设计与制作专业必修课程标准

第一部分 PART 1

上海市中等职业学校
首饰设计与制作专业教学标准

专业名称（专业代码）

首饰设计与制作(750108)

入学要求

初中毕业或相当于初中毕业文化程度

学习年限

三年

培养目标

本专业坚持立德树人、德技并修、学生德智体美劳全面发展，主要面向珠宝首饰设计、制作、检测、销售等企事业单位，培养具有良好的思想品德和职业素养、必备的文化和专业基础知识，能从事珠宝首饰设计、珠宝首饰加工制作、首饰维修、贵金属与宝玉石检测、珠宝营销等基础工作，具有职业生涯发展基础的知识型、发展型高素质技术技能人才。

职业范围

序号	职业领域	职业（岗位）	职业技能等级证书 （名称、等级、评价组织）
1	珠宝首饰设计	首饰设计师	● 首饰设计师（四级） 评价组织:国家人社部或上海人社部门认可的技能评价组织 ● "1+X"珠宝首饰设计职业技能等级证书（初级） 评价组织:中宝评（北京）教育科技有限公司 ● "1+X"电脑首饰设计职业技能等级证书（初级） 评价组织:武汉学苑珠宝科技有限公司

（续表）

序号	职业领域	职业（岗位）	职业技能等级证书 （名称、等级、评价组织）
2	珠宝首饰制作	贵金属首饰制作工、金属摆件制作工	● 贵金属首饰制作工（四级） 评价组织：国家人社部或上海人社部门认可的技能评价组织 ● "1＋X"贵金属首饰制作与检验职业技能等级证书（初级） 评价组织：北京诺斐释真管理咨询有限公司 ● "1＋X"贵金属首饰执模职业技能等级证书（初级） 评价组织：深圳百泰投资控股集团有限公司
3	珠宝首饰检测	贵金属首饰与宝玉石检测员	● 贵金属首饰与宝玉石检测员（四级） 评价组织：国家人社部或上海人社部门认可的技能评价组织
4	珠宝首饰营销	珠宝首饰营业员	● "1＋X"珠宝玉石鉴定职业技能等级证书（初级） 评价组织：中宝评（北京）教育科技有限公司

注：1. 上述证书为教育部"1＋X"职业技能等级证书或人社部门认可的职业技能等级证书。
　　2. 根据学校设定的方向，选考1—2个证书。

人才规格

1. 职业素养

● 具有正确的世界观、人生观、价值观，深厚的家国情怀，良好的思想品德，衷心拥护党的领导和我国社会主义制度。

● 遵纪守法、爱岗敬业、诚实守信，自觉遵守与珠宝首饰行业相关的职业道德和法律法规、行业规定。

● 具备科学健康的审美观、敏锐的艺术鉴赏力、良好的艺术修养，传承和发扬中华优秀传统文化。

● 具备认真负责、严谨细致、专注耐心、精益求精的职业态度，具有创新意识和进取精神。

● 具有良好的安全意识、规范意识和环保意识，能做好个人安全防护，遵守操作规范，爱惜工具、节约材料。

● 具有团队合作意识，以及良好的语言表达能力、沟通合作能力和团队协作能力。

● 具有终身学习和可持续发展的能力，具有一定的分析问题、解决问题的能力和应变能力。

2. 职业能力

● 能综合运用素描表现和色彩表现方法绘制图稿。

● 能综合运用图案设计的方法进行首饰二维图案转化设计。

- 能综合运用构成的原理和方法进行首饰设计。
- 能手绘常见宝石、金属、镶嵌结构、首饰配件等,进行首饰艺术表现。
- 能运用首饰设计软件完成常见款式首饰3D建模。
- 能运用图形处理软件进行首饰图形图像处理。
- 能根据需要设计选题、收集素材、绘制首饰草图和效果图、撰写设计说明。
- 能运用首饰金工技法制作基础款首饰。
- 能运用首饰镶嵌技法制作基础款镶嵌首饰。
- 能运用首饰雕蜡技法制作基础款首饰蜡版。
- 能根据国家标准检测贵金属首饰和常见珠宝玉石。
- 能根据产品特点和顾客需求展示、销售、搭配珠宝首饰。

主要接续专业

高等职业教育专科: 首饰设计与工艺(550123)、玉器设计与工艺(550124)、艺术设计(550101)、工艺美术品设计(550112)、宝玉石鉴定与加工(420107)、珠宝首饰技术与管理(480106)

高等职业教育本科: 工艺美术(350101)、产品设计(350104)、服装与服饰设计(350105)、时尚品设计(350112)、珠宝首饰工程技术(280103)

工作任务与职业能力分析

工作领域	工作任务	职 业 能 力
1. 首饰基础美术表现	1-1 基础绘画	1-1-1 能运用结构造型基本法则完成单体静物对象结构塑造 1-1-2 能运用明暗关系基本法则完成单体静物对象明暗塑造 1-1-3 能运用构图基本法则完成组合静物对象全因素画面塑造 1-1-4 能根据色彩造型法则完成单体静物塑造 1-1-5 能根据色彩基本作画步骤完成组合静物塑造
	1-2 图案设计	1-2-1 能区分首饰图案风格和分类 1-2-2 能运用线描技法绘制素材 1-2-3 能运用图案变形的方法对几何形、植物、动物等素材进行艺术加工 1-2-4 能运用色彩对图案进行艺术加工
	1-3 构成设计	1-3-1 能根据图形构成原理完成单一图形的设计与绘制 1-3-2 能根据图形组合基本法则完成组合图形的设计与绘制 1-3-3 能根据平面构成基本法则完成特定主题的平面构成设计 1-3-4 能根据色彩构成基本原理完成色彩分析图绘制

工作领域	工作任务	职 业 能 力
1. 首饰基础美术表现	1-3 构成设计	1-3-5 能运用色彩色调基本法则完成多色调构成图绘制
		1-3-6 能运用色彩心理学基本法则完成画面色彩搭配设计
		1-3-7 能运用不同技法完成半立体作品设计与制作
		1-3-8 能运用综合材料完成立体构成结构设计与制作
2. 首饰手绘表现	2-1 宝石绘制	2-1-1 能根据宝石特点绘制刻面宝石结构线稿及上色
		2-1-2 能根据宝石特点绘制不同种类弧面型宝石
	2-2 金属绘制	2-2-1 能根据金属材质特点绘制不同金属材质效果
		2-2-2 能根据金属材质和造型特点绘制不同金属造型效果
		2-2-3 能根据需要绘制常见金属肌理效果
		2-2-4 能根据需要绘制常见金属工艺效果
	2-3 镶嵌结构和配件绘制	2-3-1 能根据镶嵌结构特点绘制不同镶嵌结构
		2-3-2 能根据首饰结构特点绘制搭扣等首饰配件
3. 首饰计算机辅助设计	3-1 首饰图形图像处理	3-1-1 能综合运用相应工具优化处理首饰图像
		3-1-2 能综合运用相应工具完成首饰图片中的文字效果制作
		3-1-3 能综合运用相应工具完成首饰图文编排
		3-1-4 能根据项目需求完成首饰图形图像文件转换、完稿、输出
	3-2 首饰3D建模	3-2-1 能识别首饰3D打印工艺与产品
		3-2-2 能综合运用建模软件相关命令完成基本款首饰3D建模
		3-2-3 能综合运用建模软件相关命令完成首饰款式拓展设计
4. 首饰设计	4-1 选题设计	4-1-1 能运用不同的方法开展市场调研
		4-1-2 能收集相关珠宝市场信息
		4-1-3 能在整理归纳信息后确定主题
	4-2 素材收集	4-2-1 能根据主题搜集素材
		4-2-2 能根据主题分类整理素材
		4-2-3 能根据主题归纳总结素材
	4-3 草图绘制	4-3-1 能根据主题选择和提炼素材
		4-3-2 能运用图案转化方法对素材进行夸张、变形、概括、提炼
		4-3-3 能运用构成方法对素材进行拆分与解构
		4-3-4 能根据主题合理搭配颜色
		4-3-5 能根据主题要求与工艺合理性对素材进行设计转化
	4-4 成稿绘制	4-4-1 能运用线描技法绘制设计线稿
		4-4-2 能正确绘制首饰三视图
		4-4-3 能准确批注设计图尺寸、制作工艺和材质
		4-4-4 能运用手绘技法表现设计效果图
		4-4-5 能运用图形图像处理软件处理效果图

工作领域	工作任务	职 业 能 力
4. 首饰设计	4-5 设计说明撰写	4-5-1 能根据作品特点确定作品标题名称
		4-5-2 能准确表达设计理念
		4-5-3 能根据作品特点撰写设计说明,准确描述相关工艺、材质
5. 贵金属首饰制作	5-1 识图与选材	5-1-1 能正确识读常规产品的草图、三视图及效果图
		5-1-2 能根据设计图上注明的常规产品要求合理选用材料
	5-2 前期准备	5-2-1 能按要求严格做好个人安全防护、遵守安全操作规范和环境保护要求
		5-2-2 能根据制作要求合理选用手工及电动制作工具,完成工具准备工作
		5-2-3 能根据制作要求合理运用制作方法,完成材料准备工作
	5-3 首饰起版	5-3-1 能根据制作要求综合运用锯、锉、锤、焊等技法制作基础款戒指
		5-3-2 能根据制作要求综合运用锯、锉、锤、焊等技法制作基础款链条
		5-3-3 能根据制作要求综合运用锯、锉、锤、焊等技法制作基础款耳饰
		5-3-4 能根据制作要求综合运用锯、锉、锤、焊等技法制作基础款挂件
	5-4 首饰镶嵌	5-4-1 能根据制作要求制作基础款齿镶首饰
		5-4-2 能根据制作要求制作基础款包边镶首饰
		5-4-3 能根据制作要求制作基础款包角镶首饰
	5-5 首饰表面处理	5-5-1 能根据制作要求制作砂纸卷和砂纸推板
		5-5-2 能选用合适的工具和材料,进行平面、弧面和凹面的打磨
		5-5-3 能按照操作要求完成基础款首饰的抛光
		5-5-4 能按照操作要求完成产品的清洗作业
	5-6 贵金属粉末回收	5-6-1 能分类标记贵金属粉末
		5-6-2 能规范清扫、回收贵金属粉末
6. 雕蜡首饰制作	6-1 识图与选材	6-1-1 能分析图纸特点
		6-1-2 能根据需要选用合适蜡材
	6-2 上稿	6-2-1 能使用划线法将设计稿标记到蜡材上
		6-2-2 能使用扎点法将设计稿固定在蜡面上
	6-3 蜡版制作	6-3-1 能使用锯弓切割蜡材
		6-3-2 能使用各类刀具雕刻蜡材
		6-3-3 能使用各类锉刀修整蜡材
		6-3-4 能使用吊机配合各类针头对蜡材进行打孔、旋削和掏底
		6-3-5 能使用焊蜡器或电烙铁补蜡、连接和堆蜡
		6-3-6 能使用合适的方法抛光蜡版
		6-3-7 能综合运用以上技术制作基础款首饰蜡版

工作领域	工作任务	职 业 能 力	
7. 宝玉石琢磨*	7-1 宝玉石款式图绘制	7-1-1	能识别常见宝玉石琢型
		7-1-2	能绘制常见宝玉石琢型款式图
	7-2 选料及定位	7-2-1	能根据琢型要求和原料特点合理选用宝玉石原料
		7-2-2	能根据琢型要求和原料特点初步完成宝玉石定位设计
	7-3 宝石琢磨	7-3-1	能根据琢型要求和原料特点粗磨出坯宝玉石原料
		7-3-2	能对粗坯黏杆上胶
		7-3-3	能根据琢型要求和原料特点圈磨宝玉石腰形
		7-3-4	能根据琢型要求和原料特点琢磨和抛光刻面型宝玉石冠部和亭部
		7-3-5	能根据琢型要求和原料特点磨制和抛光弧面型宝玉石弧面和底部
		7-3-6	能对磨好的成品脱胶清洗
8. 玉石雕刻*	8-1 玉雕图案绘制	8-1-1	能分析常见玉雕图案特点
		8-1-2	能根据玉雕设计稿将二维图案转化为三维立体造型
		8-1-3	能绘制常见玉雕图案
	8-2 玉石雕刻	8-2-1	能根据设计图稿运用工具对玉料进行初步造型
		8-2-2	能根据设计图稿在玉石粗坯上勾绘细样
		8-2-3	能根据绘制的纹样和原料特点利用各种工具雕刻玉料
		8-2-4	能对雕件细节精细修饰
	8-3 玉石抛光	8-3-1	能选用材料和工具对玉雕作品去糙磨细
		8-3-2	能运用抛光材料对玉雕作品罩亮抛光
		8-3-3	能根据材质和造型清洗玉雕作品
9. 贵金属首饰与宝玉石检测	9-1 检验准备	9-1-1	能根据送检清单,对样品进行点数、称重等初检
		9-1-2	能按国家标准和检验对象,准备珠宝首饰检验前的环境、仪器、工具和材料
	9-2 珠宝玉石鉴定	9-2-1	能初步分析晶体、识别宝玉石矿物
		9-2-2	能按国家标准对珠宝玉石进行分类
		9-2-3	能通过肉眼观察准确描述常见珠宝玉石的颜色、形状、透明度、光泽和特殊光学效应等特征
		9-2-4	能运用常规仪器准确检测并记录珠宝玉石的折射率、双折射率、光性特征、多色性、相对密度、紫外荧光、滤色镜下现象、特征包裹体等项目
		9-2-5	能根据国家标准,对常见珠宝玉石品种进行定名

（续表）

工作领域	工作任务	职　业　能　力
9. 贵金属首饰与宝玉石检测	9-3　钻石检验与分级*	9-3-1　能按国家标准鉴别钻石及市场常见仿钻材料品种并定名 9-3-2　能按国家标准对钻石质量用天平称量、记录，进行克拉重量换算 9-3-3　能按国家标准对无色至浅黄（褐、灰）色系列钻石颜色进行初步分级 9-3-4　能按国家标准对标准圆钻型钻石切工进行初步分级 9-3-5　能按国家标准对未经覆膜、裂隙充填等优化处理的钻石进行净度初步分级
	9-4　贵金属首饰检验	9-4-1　能按国家标准识别贵金属饰品的品种和工艺 9-4-2　能按国家标准检验贵金属首饰标识 9-4-3　能按行业标准检验贵金属首饰外观质量 9-4-4　能按国家标准对贵金属首饰进行质量称量、尺寸测量及记录
	9-5　证书解读	9-5-1　能按国家标准解读国内珠宝玉石鉴定和分级证书 9-5-2　能译读常见英文版国外珠宝玉石鉴定和分级证书
10. 珠宝首饰销售	10-1　珠宝售前准备	10-1-1　能按要求完成珠宝售前安全检查 10-1-2　能按要求完成珠宝售前接待环境、商品、工具和材料准备 10-1-3　能按要求完成珠宝售前个人仪容、仪表、仪态准备
	10-2　珠宝售中接待	10-2-1　具备安全意识，能在销售中安全保管珠宝 10-2-2　能在珠宝售中接待中，使用商业服务文明礼貌用语，语言表达规范 10-2-3　能通过沟通了解顾客需求，为顾客提供个性化的珠宝推荐服务 10-2-4　能处理常见异议和矛盾，积极消除顾客疑虑，维护良好顾客关系 10-2-5　能与外宾进行简单外语交流
	10-3　珠宝售后服务	10-3-1　能指导顾客保养与清洗首饰 10-3-2　能根据行业规定，受理顾客售后要求 10-3-3　能在营业结束时做好清理检查工作
	10-4　珠宝首饰陈列	10-4-1　能按要求陈列珠宝首饰柜台 10-4-2　能按要求陈列珠宝首饰橱窗 10-4-3　能按要求参与珠宝营业场所布置
	10-5　珠宝营销管理	10-5-1　能按要求完成珠宝首饰商品柜台验收 10-5-2　能按要求及时记录柜组台账 10-5-3　能按要求完成珠宝首饰盘点工作 10-5-4　能按要求撰写通知、条据、启事、申请书、商品介绍等商业应用文

（续表）

工作领域	工作任务	职　业　能　力	
10. 珠宝首饰销售	10-6　珠宝网络营销*	10-6-1	能在网络营销平台及时答复顾客咨询、处理顾客评价
		10-6-2	能初步完成珠宝类短视频的拍摄与剪辑工作
		10-6-3	能初步撰写珠宝网络营销文案
		10-6-4	能初步完成珠宝产品直播推荐工作
	10-7　珠宝文化传播与弘扬	10-7-1	能在答复顾客咨询时，介绍中国传统珠宝首饰的品种和寓意
		10-7-2	能引导顾客和大众欣赏中国传统珠宝首饰，传播和弘扬中华优秀传统文化
		10-7-3	能介绍世界各地、各民族首饰的特点

注:表格中带 * 内容为非必备项。

课程结构

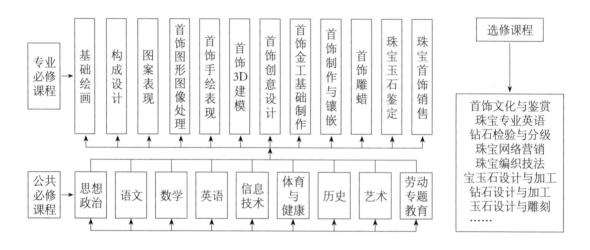

专业必修课程

序号	课程名称	主要教学内容与要求	技能考核项目与要求	参考学时
1	基础绘画	**主要教学内容：** 单体静物素描结构表现、素描明暗表现、素描质感表现等基础知识和基本技能；单体静物对象色彩表现、组合对象色彩表现等基础知识和基本技能 **教学要求：** 通过学习和训练，学生能对被描绘的单体对象进行结构、明暗、质感的表现；能对被描绘的单体和组合对象进行色彩表现	**考核内容：** 对指定的单体对象进行结构、明暗、质感表现，完成素描作品；对指定的单体和组合对象进行色彩表现，完成色彩作品 **考核要求：** 达到"1＋X"珠宝首饰设计职业技能等级证书(初级)的相关要求	72

（续表）

序号	课程名称	主要教学内容与要求	技能考核项目与要求	参考学时
2	构成设计	**主要教学内容：** 构成的基本元素、平面构成的形式规律、色彩构成的基础知识、构成的表现形式、立体构成的制作方法等基础知识和基本技能 **教学要求：** 通过学习和训练，学生能完成平面设计基本元素及形式规律的应用设计，完成色彩构成和立体构成的应用设计	**考核内容：** 运用构成设计专业知识和技能独立绘制构成设计作品 **考核要求：** 达到"1+X"珠宝首饰设计职业技能等级证书（初级）的相关要求	72
3	图案表现	**主要教学内容：** 图案表现的基础知识、写生观察方法、图案变形方法、图案的表现技法和色彩搭配等基础知识和基本技能 **教学要求：** 通过学习和训练，学生能识别图案分类；能熟练掌握图案表现工具的使用方法；能收集设计素材并绘制；能用图案变形方法对素材进行艺术加工；能掌握色彩搭配的规律；能对设计主题进行分析归纳；能运用图案的表现技法创作首饰图稿	**考核内容：** 通过图案综合创作表现完成作品 **考核要求：** 达到"1+X"珠宝首饰设计职业技能等级证书（初级）的相关要求	72
4	首饰图形图像处理	**主要教学内容：** 首饰图片处理、文字制作、图文编排、文件存储与输出等基础知识和基本技能 **教学要求：** 通过学习，学生能熟知图形图像处理软件常用工具的使用方法及图文编排方法；通过实训，能加深对课程的理解，提高图形图像处理软件的综合应用能力	**考核内容：** 应用图像处理软件进行首饰图片处理、文字制作、图文编排、文件存储与输出 **考核要求：** 达到"1+X"电脑首饰设计职业技能等级证书（初级）的相关要求	72
5	首饰手绘表现	**主要教学内容：** 首饰手绘的基本知识、宝石的基本知识、选用绘图工具、绘制常见刻面型宝石、绘制常见弧面型宝石、绘制常见金属造型、绘制常见金属肌理、绘制特殊工艺、绘制首饰镶嵌结构与配件等基础知识和基本技能 **教学要求：** 通过学习，学生能了解首饰设计的基本知识，知道常见宝石和金属的主要特点；能归纳常见宝石和金属的绘制流程；能使用首饰手绘工具绘制常见刻面型宝石、常见弧面型宝石、常见金属造型、常见金属肌理、常见金属特殊工艺、常见首饰镶嵌结构与配件	**考核内容：** 绘制刻面型宝石；绘制弧面型宝石；绘制金属造型；绘制金属肌理；绘制金属特殊工艺；绘制首饰镶嵌结构与配件 **考核要求：** 达到"1+X"珠宝首饰设计职业技能等级证书（初级）的相关要求	72

（续表）

序号	课程名称	主要教学内容与要求	技能考核项目与要求	参考学时
6	首饰3D建模	**主要教学内容：** 识别首饰3D打印工艺与产品、素金戒指建模、挂坠建模、镶口建模、综合建模等基础知识和基本技能 **教学要求：** 通过学习和训练，学生能建立建模思维；能综合运用建模软件相应命令进行基础款首饰建模，并对首饰款式进行拓展设计	**考核内容：** 综合运用建模软件相关命令完成首饰3D建模 **考核要求：** 达到"1＋X"电脑首饰设计职业技能等级证书(初级)的相关要求	72
7	首饰创意设计	**主要教学内容：** 选题设计、素材收集、草图绘制、成稿绘制、设计说明撰写等基础知识和基本技能 **教学要求：** 通过学习和训练，学生能在规定时间内确定选题，完成素材收集，进行基础性设计及设计方案撰写；根据设计创意和风格的要求，能独立完成设计方案效果图呈现	**考核内容：** 综合运用美的设计法则完成成稿绘制 **考核要求：** 达到"1＋X"珠宝首饰设计职业技能等级证书(初级)的相关要求	72
8	首饰金工基础制作	**主要教学内容：** 贵金属首饰材质和工艺的识别、首饰金工制作工具的使用、首饰金工制作基础技法、基础款首饰制作方法、首饰产品工艺评价等基础知识和基本技能 **教学要求：** 通过学习和训练，学生能遵守首饰金工制作的操作安全规范，会使用首饰金工制作工具，运用锤打、锯切、钻孔、镂空、退火、焊接、打磨、抛光等技法，进行基础款首饰金工制作，对贵金属首饰进行初步质量检验	**考核内容：** 制作天元戒、字母链、立体五角星；制作基础款链条、耳饰、挂坠、胸针等首饰 **考核要求：** 达到"1＋X"贵金属首饰制作与检验职业技能等级证书(初级)的相关要求	144
9	首饰制作与镶嵌	**主要教学内容：** 首饰镶嵌工艺基础知识、镶嵌首饰图纸分析、金属材料与工具选用、常见宝石镶嵌技法、镶嵌产品工艺评价等基础知识和基本技能 **教学要求：** 通过学习和训练，学生能遵守首饰制作与镶嵌操作安全规范、分析图纸特点、选用金属材料和工具；能进行常见戒指、挂坠、耳钉等镶嵌首饰起版；能完成常见镶法宝石镶嵌，进行镶嵌产品工艺评价	**考核内容：** 常见镶口的制作；戒指、挂坠、耳饰等镶嵌首饰起版；常见镶法宝石镶嵌 **考核要求：** 达到"1＋X"贵金属首饰制作与检验职业技能等级证书(初级)的相关要求	144

（续表）

序号	课程名称	主要教学内容与要求	技能考核项目与要求	参考学时
10	首饰雕蜡	**主要教学内容：** 首饰铸造工艺基础知识、蜡材与工具选用、蜡版制作、雕蜡产品工艺评价等基础知识和基本技能 **教学要求：** 通过学习和训练，学生能遵守首饰雕蜡操作安全规范，分析图纸特点；能综合运用雕蜡技法，制作基础款首饰蜡版	**考核内容：** 素圈戒指蜡版制作、包边镶首饰蜡版制作、齿镶首饰蜡版制作、雕件首饰蜡版制作、创意首饰蜡版制作 **考核要求：** 达到"1＋X"贵金属首饰制作与检验职业技能等级证书（初级）的相关要求	72
11	珠宝玉石鉴定	**主要教学内容：** 结晶学基础知识、常见宝玉石矿物学特征、宝石的基本性质、常规鉴定仪器的使用方法、常见宝玉石的鉴定特征、仿制品的鉴别等基础知识和基本技能 **教学要求：** 通过学习和训练，学生能掌握常见宝玉石的基本性质和鉴定特征，熟练运用常规仪器对宝玉石进行综合鉴定；能对常见宝玉石和与其相似的宝玉石进行准确区分和定名，能填写送检宝玉石的鉴定报告	**考核内容：** 使用常规仪器准确鉴定常见宝玉石、常见有机宝石和常见人工宝石 **考核要求：** 达到"1＋X"珠宝玉石鉴定职业技能等级证书（初级）的相关要求	144
12	珠宝首饰销售	**主要教学内容：** 珠宝首饰售前准备、珠宝首饰售中接待、珠宝首饰售后服务、珠宝首饰陈列、珠宝营销管理等基础知识和基本技能 **教学要求：** 通过学习和训练，学生能遵守珠宝首饰销售的职业道德要求，能进行珠宝首饰售前准备、珠宝首饰售中接待、珠宝首饰售后服务，能进行珠宝首饰的陈列和展示，能初步进行珠宝营销管理	**考核内容：** 珠宝首饰售前准备、珠宝首饰售中接待、珠宝首饰售后服务、珠宝首饰陈列和珠宝首饰营销管理 **考核要求：** 达到珠宝首饰销售岗位的基本要求	36

指导性教学安排

1. 指导性教学安排

课程分类		课程名称	总学时	学分	各学期周数、学时分配					
					1	2	3	4	5	6
					18周	18周	18周	18周	18周	20周
必修课程	公共必修课程	思想政治	144	8	2	2	2	2		
		语文	216	12	4	4	4			
		数学	216	12	4	4	4			
		英语	216	12	4	4	4			
		信息技术	108	6	4	2				
		体育与健康	180	10	2	2	2	2	2	
		历史	72	4	2	2				
		艺术	36	2	2					
		劳动专题教育	18	1				1		
	专业必修课程	基础绘画	72	4	4					
		构成设计	72	4		4				
		图案表现	72	4			4			
		首饰图形图像处理	72	4			4			
		首饰手绘表现	72	4				4		
		首饰3D建模	72	4				4		
		首饰创意设计	72	4					4	
		首饰金工基础制作	144	8			4	4		
		首饰制作与镶嵌	144	8				8		
		首饰雕蜡	72	4					4	
		珠宝玉石鉴定	144	8					4	4
		珠宝首饰销售	36	2					2	
选修课程			270	15	由各校自主安排					
岗位实习			600	30						30
合计			3120	170	28	28	28	28	28	30

2. 关于指导性教学安排的说明

（1）本教学安排是 3 年制指导性教学安排。每学年为 52 周,其中教学时间 40 周(每学期有效教学时间 18 周),周有效学时为 28—30 学时,岗位实习一般按每周 30 小时(1 小时折合 1 学时)安排,3 年总学时数约为 3000—3300 学时。

（2）实行学分制的学校,一般按 16—18 学时为 1 个学分进行换算,3 年制总学分不得少于 170。军训、社会实践、入学教育、毕业教育等活动以 1 周为 1 学分,共 5 学分。

（3）公共必修课程的学时数一般占总学时数的三分之一,不低于 1000 学时。公共必修课程中的思想政治、语文、数学、英语、信息技术、历史、体育与健康和艺术等课程,严格按照教育部和上海市教育委员会颁布的相关学科课程标准实施教学。除了教育部和上海市教育委员会规定的必修课程之外,各校可根据学生专业学习需要,开设相关课程的选修模块或其他公共基础选修课程。

（4）专业课程的学时数一般占总学时数的三分之二,其中岗位实习原则上安排一学期。学校要认真落实教育部等八部门印发的《职业学校学生实习管理规定》,在确保学生实习总量的前提下,可根据实际需要集中或分阶段安排实习时间。

（5）选修课程占总学时数的比例不少于 10%,由各校根据专业培养目标,自主开设专业特色课程。

（6）学校可根据需要对课时比例进行适当的调整。实行弹性学制的学校(专业)可根据实际情况安排教学活动的时间。

（7）学校以实习实训课为主要载体开展劳动教育,其中劳动精神、劳模精神、工匠精神专题教育不少于 16 学时。

专业教师任职资格

1. 具有中等职业学校及以上教师资格证书。

2. 具有本专业高级工及以上职业资格证书或相应技术职称。

实训（实验）装备

1. 画室

功能说明:适用于素描表现、色彩表现等基础绘画项目实训。

主要设备配置标准(以一个标准班 40 人配置):

序号	设备名称	用途	单位	数量	适用范围 (职业技能训练项目)
1	专业画架	摆放画板	个	42	素描表现 色彩表现
2	画板	绘画	个	42	
3	画凳	绘画	个	42	
4	衬布	绘画	组	若干	
5	照射灯具	写生灯光照明	组	若干	
6	多媒体电脑教学系统	教师演示	套	1	
7	遮光窗帘	遮光	套	1	
8	道具架	摆放写生物品	组	1	
9	道具	写生物品	套	若干	
10	作品存储柜	作品存储	组	1	

2. 首饰设计实训室

功能说明:适用于图案表现、构成设计、首饰手绘表现、首饰创意设计等项目,还需具备"1＋X"珠宝首饰设计职业技能等级证书(初级)考试的考场功能。

主要设备配置标准(以一个标准班40人配置):

序号	设备名称	用途	单位	数量	适用范围 (职业技能训练项目)
1	工作台	设计	台	42	图案表现 构成设计 首饰手绘表现 首饰创意设计 "1＋X"珠宝首饰设计职业技能等级证书(初级)
2	工作椅	设计	个	42	
3	多媒体电脑教学系统	教师演示	套	1	
4	实物展示台	教师演示	台	1	
5	作品存储柜	作品存储	组	1	
6	作品陈列道具	展示学生作品	组	1	

3. 首饰计算机设计实训室

功能说明:适用于首饰图形图像处理、首饰3D建模等项目,还需具备"1＋X"电脑首饰设计职业技能等级证书(初级)考试的考场功能。

主要设备配置标准(以一个标准班40人配置):

序号	设备名称	用途	单位	数量	适用范围 (职业技能训练项目)
1	多媒体电脑教学系统	教师演示	套	1	首饰图形图像处理 首饰3D建模 "1+X"电脑首饰设计职业 技能等级证书(初级)
2	电脑	设计	套	42	
3	电脑桌	设计	台	42	
4	电脑椅	设计	个	42	
5	数码照相机	采集素材	套	1	
6	稳压电源	电脑用	套	1	
7	交换机	电脑用	套	1	

4. 首饰手工制作实训室

功能说明:适用于实践首饰制作全流程操作,包括锤打、锯切、钻孔、镂空、退火、焊接、打磨、抛光、镶嵌等,适用于首饰金工基础制作、首饰制作与镶嵌、首饰雕蜡等项目实训,还需具备"1+X"贵金属首饰制作与检验职业技能等级证书(初级)考试的考场功能。

主要设备配置标准(以一个标准班40人配置):

序号	设备名称	用途	单位	数量	适用范围 (职业技能训练项目)
1	手动压片机	压制金属片材	台	1	首饰金工基础制作 首饰制作与镶嵌 首饰雕蜡 "1+X"贵金属首饰制作与 检验职业技能等级证书(初 级)
2	手动拉线凳 及配套拉线钳	拉制金属丝材	台	1	
3	超声波清洗机	清洗首饰	台	1	
4	电子秤	称量	台	1	
5	打金工作台(配台塞、 椅子、吊机挂架)	首饰制作	台	40	
6	台灯	首饰制作照明	台	42	
7	焊枪	加热、焊接等	套	42	
8	吊机	钻孔、打磨等	套	42	
9	拉线板	拉制金属丝	个	2	
10	大方铁	首饰成型	个	1	
11	大型窝作	首饰成型	套	1	
12	坑铁	首饰成型	个	10	
13	游标卡尺	测量尺寸	个	10	

序号	设备名称	用途	单位	数量	适用范围 (职业技能训练项目)
14	数显高度测量仪	测量高度	个	1	
15	小方铁	首饰成型	个	42	
16	瓷碗	盛放物品	个	42	
17	瓷碟	放焊药、零件等	套	42	
18	耐热玻璃烧杯	煮工件	个	42	首饰金工基础制作
19	焊瓦	加热时垫用	块	42	首饰制作与镶嵌
20	蜂窝状焊瓦	加热时垫用	块	42	首饰雕蜡
21	焊蜡器或电烙铁	熔蜡、焊蜡等	台/个	21	"1＋X"贵金属首饰制作与
22	燃气	加热、焊接等	套	40	检验职业技能等级证书(初
23	工具柜	工具存储	组	1	级)
24	作品展示架	展示作品	组	1	
25	多媒体电脑系统	教师演示	套	1	
26	实物展示台	资料展示、实物投影	台	1	
27	水槽	洗刷作品	组	1	

5. 宝石鉴定实训室

功能说明:适用于实践宝玉石鉴定全流程,包括常见宝石鉴定、常见玉石鉴定、常见有机宝石鉴定、常见人工宝石鉴定、常见优化处理宝石鉴定等项目,还需具备"1＋X"珠宝玉石鉴定职业技能等级证书(初级)考试的考场功能。

主要设备配置标准(以一个标准班40人配置):

序号	设备名称	用途	单位	数量	适用范围 (职业技能训练项目)
1	放大镜	放大观察	个	42	常见宝石鉴定
2	宝石镊子	夹持宝石	个	42	常见玉石鉴定
3	折射仪	检测折射率	台	42	常见有机宝石鉴定
4	偏光镜	检测光性	个	42	常见人工宝石鉴定
5	分光镜	观察吸收光谱	个	21	常见优化处理宝石鉴定
6	二色镜	观察多色性	个	42	"1＋X"珠宝玉石鉴定职业

常见优化处理宝石鉴定

"1＋X"珠宝玉石鉴定职业
技能等级证书(初级)

（续表）

序号	设备名称	用途	单位	数量	适用范围 （职业技能训练项目）
7	紫外荧光灯	观察发光性	台	2	常见宝石鉴定 常见玉石鉴定 常见有机宝石鉴定 常见人工宝石鉴定 常见优化处理宝石鉴定 "1＋X"珠宝玉石鉴定职业 技能等级证书（初级）
8	查尔斯滤色镜	观察滤色镜下 宝石的现象	个	42	
9	电子天平	称重	台	1	
10	光纤灯或手电筒	照明	个	21	
11	宝石灯	照明	个	42	
12	游标卡尺	测量珠宝	个	21	
13	宝玉石样品	宝石鉴定	套	1	
14	多媒体电脑系统	教师演示	套	1	
15	实物展示台	资料展示、实物投影	台	1	

6. 珠宝陈列实训室

功能说明：适用于实践珠宝陈列展示、珠宝模拟销售、学生作品展示等项目，同时兼具创新创业实践等功能。

主要设备配置标准（以一个标准班 40 人配置）：

序号	设备名称	用途	单位	数量	适用范围 （职业技能训练项目）
1	珠宝展示柜	商品展示	组	若干	珠宝陈列展示 珠宝模拟销售 学生作品展示 创新创业实践
2	珠宝展示用射灯	珠宝照明	组	若干	
3	珠宝展示用道具	珠宝展示	组	若干	
4	珠宝展示用样品	陈列展示	套	若干	

说明：（1）实训（实验）室的划分和装备标准应涵盖所有专业必修课程和专业（技能）方向课程的实训（实验）需要；（2）实训设备数是为满足 40 人/班进行实训教学的配备要求，在保证实训教学目标要求的前提下，各学校可根据本专业的实际班级人数和教学组织模式对实训课程进行合理安排，配备相应的实训设备数量；（3）实训（实验）室设计需贴近企业实际，创设企业工作情境，以利于理实一体化教学。

第二部分

上海市中等职业学校
首饰设计与制作专业必修课程标准

基础绘画课程标准

▌课程名称

基础绘画

▌适用专业

中等职业学校首饰设计与制作专业

一、 课程性质

基础绘画是中等职业学校首饰设计与制作专业的一门专业核心课程,也是该专业的一门专业必修课程。其功能是使学生掌握绘画的基本理论知识及相关技能。本课程包括素描表现和色彩表现两部分,是首饰设计的基础课程,也是学生学习其他专业课程的基础。

二、 设计思路

本课程的总体设计思路是:遵循任务引领、理实一体的原则,根据首饰设计与制作专业的工作任务与职业能力分析结果,以首饰设计所需的基础绘画能力为依据而设置。

课程内容紧紧围绕基础绘画能力培养的需要,选取了素描表现、色彩表现等内容,遵循适度够用的原则,确定相关理论知识、专业技能与要求,并融入"1 + X"珠宝首饰设计职业技能等级证书(初级)的相关考核要求。

课程内容组织以基础绘画的典型工作任务为主线,从易到难,设有单体几何静物素描结构塑造、单体几何静物素描明暗塑造、组合几何静物素描质感塑造、单体静物色彩塑造、组合静物色彩塑造 5 个学习任务。以任务为引领,通过任务整合相关知识、技能与职业素养。

本课程建议学时数为 72 学时。

三、 课程目标

通过本课程的学习,学生能具备绘画的基础知识,掌握绘画表现的基本技能,能进行素描及色彩绘画,达到首饰设计中对造型表现的基本要求,达到"1 + X"珠宝首饰设计职业技能等级证书(初级)的相关考核要求,具体达成以下职业素养和职业能力目标。

(一) 职业素养目标

- 严格遵守画室的使用规定和操作规范,养成良好的职业习惯。
- 在学习实践中不断提升艺术修养,逐渐养成科学健康、积极向上的审美情趣。
- 逐渐养成认真负责、严谨细致、专注耐心、精益求精的职业态度。
- 逐渐养成良好的团队合作意识,积极参与团队学习与实践,主动协助同伴完成任务,提高人际沟通能力。
- 形成独立思考的习惯,具备勇于创新的精神。

(二) 职业能力目标

- 能运用结构造型基本法则完成被描绘对象结构塑造。
- 能运用明暗关系基本法则完成被描绘对象明暗塑造。
- 能运用构图基本法则完成组合静物对象全因素画面塑造。
- 能根据色彩造型法则完成单体静物塑造。
- 能根据色彩基本作画步骤完成组合对象绘制。
- 能根据色调的基本法则完成多色调绘制。
- 能运用不同表现工具、材料和技法完成绘画作品。

四、 课程内容与要求

学习任务	技能与学习要求	知识与学习要求	参考学时
1. 单体几何静物素描结构塑造	1. 识别和选用素描表现材料和工具 ● 能识别常见素描表现工具和材料 ● 能选用合适工具和材料进行素描绘制	1. 素描表现工具和材料的品种 ● 列举常见素描工具的品种 ● 列举常见素描材料的品种 2. 素描表现工具和材料的用途 ● 说出常见素描工具的用途 ● 说出常见素描材料的用途	12
	2. 素描结构分析 ● 能运用结构造型基本法则，分析被描绘对象的结构 ● 能判断结构素描作品的透视线和形体线的正确性	3. 素描透视规律 ● 理解素描透视规律 4. 表现对象的结构特点 ● 归纳素描表现对象的结构特点	
	3. 素描结构表现 ● 能运用结构线条，表现单体几何静物结构	5. 素描结构塑造技法 ● 熟知结构素描表现的基本技法 ● 简述结构素描表现的基本步骤	
2. 单体几何静物素描明暗塑造	1. 素描明暗分析 ● 能运用明暗造型基本法则，分析单体几何静物明暗关系	1. 素描明暗塑造规律 ● 熟知素描明暗层次过渡变化的基本知识 ● 归纳素描明暗塑造表现的基本规律	12
	2. 素描明暗表现 ● 能运用明暗的处理方法，表现单体几何静物明暗	2. 素描明暗塑造技法 ● 熟知素描明暗塑造的基本技法 ● 概述素描明暗塑造的绘制步骤	
3. 组合几何静物素描质感塑造	1. 素描质感分析 ● 能运用光源色、环境色及背景色，分析组合几何静物材质	1. 素描质感塑造规律 ● 归纳素描质感塑造表现的基本规律	12
	2. 素描质感表现 ● 能运用整体塑造的处理方法，表现组合几何静物质感	2. 素描质感塑造技法 ● 简述素描质感塑造的基本技法 ● 概述素描质感塑造的绘制步骤	

（续表）

学习任务	技能与学习要求	知识与学习要求	参考学时
4. 单体静物色彩塑造	1. 识别和选用色彩表现材料、工具 ● 能识别常见色彩表现工具和材料 ● 能选用合适色彩表现工具和材料	1. 常见色彩工具和材料的品种 ● 列举常见色彩工具的品种 ● 列举常见色彩材料的品种 2. 常见色彩工具和材料的用途 ● 说出常见色彩工具的用途 ● 说出常见色彩材料的用途	18
	2. 单体静物色彩分析 ● 能运用色彩基本法则，分析单体静物色彩规律	3. 单体静物色彩的基本规律 ● 记住单体静物色彩的基本知识 ● 记住单体静物色彩的变化规律	
	3. 单体静物色彩表现 ● 能根据色彩基本法则，完成单体静物色彩表现	4. 单体静物色彩表现的方法 ● 简述单体静物塑造立体感的表现技法 ● 简述单体静物塑造质感的表现技法	
5. 组合静物色彩塑造	1. 组合静物色彩分析 ● 能运用色彩基本法则，对组合静物进行色彩分析	1. 组合静物色彩的基本法则 ● 记住组合静物色彩的基本法则	18
	2. 组合静物色彩表现 ● 能根据色彩基本法则，完成组合静物色彩塑造	2. 组合静物色彩表现的方法 ● 简述组合静物色彩塑造的方法 ● 列举组合静物色彩塑造的基本技法	
总学时			72

五、 实施建议

（一） 教材编写与选用建议

1. 应依据本课程标准编写教材或选用教材，从国家和市级教育行政部门发布的教材目录中选用教材，优先选用国家和市级规划教材。

2. 教材要充分体现育人功能，紧密结合教材内容、素材，有机融入课程思政要求，将课程思政内容与专业知识、技能有机统一。

3. 应树立以学生为中心的教材观，在设计教材结构和组织教材内容时遵循中职学生的认知特点与学习规律。

4. 教材编写应以首饰设计师所需的基础绘画能力为逻辑线索，按照职业能力培养由易到难、由简单到复杂、由单一到综合的规律,搭建教材的结构框架,确定教材各部分的目标、内容,并进行相应的任务、活动设计等,从而建立起一个结构清晰、层次分明的教材内容体系。

5. 教材在整体设计和内容选取时,要注重引入首饰设计行业发展的新方向、新技法,贴近工作实际,体现先进性和实用性,创设或引入职业情境,增强教材的职场感。

6. 教材应以学生为本,增强对学生的吸引力,贴近职场,采用生动活泼的、学生乐于接受的语言、图表、视频、动画等形式来呈现内容,让学生在使用教材时有亲切感、真实感。

(二) 教学实施建议

1. 切实推进课程思政在教学中的有效落实,寓价值观引导于知识传授和能力培养之中,帮助学生塑造正确的世界观、人生观、价值观。深入梳理教学内容,结合课程特点,充分挖掘课程内容中的思政元素,把思政教学与专业知识、技能教学融为一体,达到润物无声的育人效果。

2. 充分体现职业教育"实践导向、任务引领、理实一体、做学合一"的课改理念,紧密联系珠宝首饰设计行业的实际应用,加强理论教学与实践教学的结合,充分利用各种实训场所与设备,促进教学方式转变。

3. 坚持以学生为中心的教学理念,充分尊重学生。教师应成为学生学习的组织者、指导者和同伴,遵循学生的认知特点和学习规律,以"学"为中心设计和组织教学活动。

4. 改变传统的灌输式教学,充分调动学生学习的积极性、能动性,采取灵活多样的教学方式,积极探索自主学习、合作学习、探究式学习、问题导向式学习、体验式学习、混合式学习等体现教学新理念的教学方式。

5. 有效利用现代信息技术手段,结合教学内容,紧跟行业流行趋势,使用图片、视频等媒介改进教学方法与手段,提升教学效果。

6. 注重培养学生良好的学习习惯,把法治意识、规范意识、安全意识、质量意识和工匠精神、创新思维融入教学活动,促进学生综合职业素养的养成。

(三) 教学评价建议

1. 以课程标准为依据,开展基于标准的教学评价。

2. 以评促教、以评促学,通过课堂教学及时评价,不断改进教学手段。

3. 教学评价始终坚持德技并重的原则,构建德技融合的专业课教学评价体系,把德育和职业素养的评价内容与要求细化为具体的评价指标,有机融入专业知识与技能的评价指标体系,形成可观察、可测量的评价量表,综合评价学生学习情况。通过有效评价,在日常教学中不断促进学生良好思想品德和职业素养的形成。

4. 注重日常教学中对学生学习的评价,充分利用多种过程性评价工具,如评价表、记录袋等,积累过程性评价数据,形成过程性评价与终结性评价相结合的评价模式。

5. 在日常教学中开展对学生学习的评价时,充分利用信息化手段,使用各类较成熟的教育评价平台,探索教育数字化转型背景下的评价模式。

(四)资源利用建议

1. 开发适合教学使用的多媒体教学资源库和多媒体教学课件。幻灯片、投影、操作录屏、微课等资源有利于创设形象生动的学习情境,激发学生的学习兴趣,促进学生对专业知识的理解和掌握。加强常用基础绘画课程资源的开发,建立线上、线下课程资源的数据库,努力实现学校间的课程资源共享。

2. 积极开发和利用网络课程资源,引导学生善用丰富的在线资源,自主学习与首饰设计师素描表现和色彩表现能力相关的指导视频;充分利用电子期刊、数字图书馆、教育网站和网络论坛等资源,使教学媒体从单一媒体向多媒体转变,教学活动从信息的单向传递向双向交换转变,学习方式从单独学习向合作学习转变。

3. 产学合作开发专业课程实训资源,充分利用珠宝首饰行业典型资源,加强与珠宝首饰生产企业的合作,建立实习实训基地,满足学生的实习实训需求。

4. 建立基础绘画实训室,鼓励学生利用课余时间到实训室进行艺术创作,将教学与培训合一、实训与创作合一,满足学生首饰设计与制作相关职业能力培养的要求。

构成设计课程标准

▌课程名称

构成设计

▌适用专业

中等职业学校首饰设计与制作专业

一、 课程性质

构成设计是中等职业学校首饰设计与制作专业的一门专业核心课程,也是该专业的一门专业必修课程。其功能是使学生掌握平面、色彩和立体构成设计的形式美法则、布局运用等基础知识和方法,具备平面、色彩和立体构成设计的基本技能。本课程是基础绘画课程的后续课程,也是学生学习其他专业课程的基础。

二、 设计思路

本课程的总体设计思路是:遵循任务引领、理实一体的原则,根据首饰设计与制作专业工作任务与职业能力分析结果,以首饰设计所需的造型设计能力为依据而设置。

课程内容紧紧围绕构成设计能力培养的需要,选取了构成的基本元素、平面构成的形式规律、色彩构成的基础知识、构成的表现形式、立体构成的制作方法等内容,遵循适度够用的原则,确定相关理论知识、专业技能与要求,并融入"1+X"珠宝首饰设计证书(初级)的相关考核要求。

课程内容组织以平面构成、色彩构成、立体构成的典型任务为主线,从易到难,设有平面构成基本元素应用设计、平面构成形式规律应用设计、色彩构成应用设计、立体构成基本元素应用设计、立体构成表现形式设计 5 个学习任务。以任务为引领,通过任务整合相关知识、技能与职业素养。

本课程建议学时数为 72 学时。

三、 课程目标

通过本课程的学习,学生能具备平面构成、色彩构成与立体构成的基础知识,掌握三大构成的应用设计技能,能进行平面构成、色彩构成和立体构成的应用设计,达到"1+X"珠宝首饰设计职业技能等级证书(初级)的相关考核要求,具体达成以下职业素养和职业能力目标。

(一)职业素养目标

- 逐渐养成认真负责、严谨细致、专注耐心、精益求精的职业态度,传承和弘扬中华优秀传统文化,在创作中勇于创新。
- 在学习实践中不断提升艺术修养,逐渐养成科学健康、积极向上的审美情趣。
- 在构成设计实践中,正确使用工具,爱惜工具和材料,注意环境保护。
- 树立团队协作意识,具备良好的人际沟通能力。

(二)职业能力目标

- 能根据图形构成原理完成单一图形和组合图形的设计与绘制。
- 能运用平面构成中重复构成、渐变构成、近似构成等基本法则完成平面设计作品的绘制。
- 能运用色彩构成基本原理完成色彩分析图的绘制。
- 能运用色彩心理学基本法则进行色彩搭配设计。
- 能运用立体构成形态元素、材料元素、形式元素进行应用设计。
- 能运用半立体构成、线立体构成、面构成、块立体构成的方法进行作品设计与制作。
- 能运用综合材料完成立体构成设计。

四、 课程内容与要求

学习任务	技能与学习要求	知识与学习要求	参考学时
1. 平面构成基本元素应用设计	1. 点的构成与运用 ● 能运用点的构成形式绘制平面设计作品 ● 能运用点的设计图形语言绘制平面设计作品	1. 平面构成的概念 ● 说出平面构成的概念 ● 简述平面构成的发展史 2. 点的概念和表现形态 ● 概述点的概念 ● 列举点的常见表现形态 3. 点的特征 ● 归纳点的规则与不规则的形象特征 ● 举例说明点与点的构成关系	12
	2. 线的构成与运用 ● 能使用线的构成形式绘制平面设计作品 ● 能使用线的设计图形语言绘制平面设计作品	4. 线的概念和表现形态 ● 概述线的概念 ● 列举线的常见表现形态 5. 线的特征 ● 归纳直线和曲线的形象特征 ● 举例说明线与线的构成关系	

学习任务	技能与学习要求	知识与学习要求	参考学时
1. 平面构成基本元素应用设计	3. 面构成与运用 ● 能使用面的构成形式绘制平面设计作品 ● 能使用面的设计图形语言绘制平面设计作品	6. 面的概念和表现形态 ● 概述面的概念 ● 列举面的常见表现形态 7. 面的特征 ● 归纳轮廓线的清晰面和模糊面的形象特征 ● 举例说明面与面的构成关系	
	4. 选用平面构成作品绘制的材料与工具 ● 选用平面构成作品常用的绘画材料 ● 选用平面构成作品常用的绘画工具	8. 平面构成作品绘制的材料与工具 ● 列举平面构成作品常用的绘画材料 ● 列举平面构成作品常用的绘画工具	
	5. 点、线、面综合构成运用 ● 能使用点、线、面综合构成形式完成平面设计 ● 能使用平面构成元素完成图形表现	9. 点、线、面综合构成运用方法 ● 举例说出点、线、面综合构成运用方法	
2. 平面构成形式规律应用设计	1. 重复构成法则的设计与运用 ● 能使用重复构成法则设计平面作品 ● 能处理重复构成设计作品中单元形的重复面积的大小、色彩和肌理	1. 重复构成法则的概念和视觉效果 ● 概述重复构成法则的概念 ● 描述重复构成的视觉效果 2. 重复构成的主要形式 ● 简述绝对重复的构成形式 ● 说出相对重复的构成形式	16
	2. 渐变构成法则的设计与运用 ● 能使用渐变构成法则设计平面作品 ● 能使用渐变构成法则调整作品的透视感与空间的延伸感	3. 渐变构成法则的概念和视觉效果 ● 概述渐变构成法则的概念 ● 描述渐变构成的视觉效果 4. 渐变构成的主要形式 ● 列举渐变构成的变化形式 ● 描述渐变构成透视感的视觉效果	
	3. 近似构成法则的设计与运用 ● 能使用近似构成法则设计平面作品 ● 能使用近似构成法则表现基本形整体统一的效果 ● 能使用近似构成法则表现基本形局部变化的效果	5. 近似构成法则的概念和视觉效果 ● 概述近似构成法则的概念 ● 描述近似构成的视觉效果 6. 近似构成的主要形式 ● 列举近似构成的主要形式	

（续表）

学习任务	技能与学习要求	知识与学习要求	参考学时
2. 平面构成形式规律应用设计	4. 发射构成法则的设计与运用 ● 能使用发射构成法则设计平面作品 ● 能使用发射构成法则表现较强韵律与动感的视觉效果	7. 发射构成法则的概念和视觉效果 ● 概述发射构成法则的概念 ● 描述发射构成的视觉效果 8. 发射构成的主要形式 ● 概述发射构成的基本形式 ● 描述发射中心与发射轨迹线对发射构成形式的作用	
	5. 密集构成法则的设计与运用 ● 能使用密集构成法则设计平面作品 ● 能使用密集构成法则产生的视觉记忆与冲击力设计平面作品	9. 密集构成法则的概念和视觉效果 ● 概述密集构成法则的概念 ● 描述密集构成的视觉效果 10. 密集构成的主要形式 ● 描述点、线、面的密集构成形式 ● 列举综合密集和自由密集的典型平面设计作品	
	6. 对比构成法则的设计与运用 ● 能使用对比构成法则设计平面作品 ● 能使用对比构成法则表现对比冲突的视觉效果	11. 对比构成法则的概念和视觉效果 ● 概述对比构成法则的概念 ● 归纳对比构成的视觉效果 12. 对比构成的主要形式 ● 归纳对比构成的构成形式 ● 说出运用对比构成强调主题的作用	
3. 色彩构成应用设计	1. 色彩构成基础元素的应用设计 ● 能运用三原色绘制色立体 ● 能使用三原色绘制 24 色相环 ● 能使用色彩推移、色彩混合的手段绘制和设计构成作品	1. 色彩构成的概念 ● 概述色彩构成的概念 ● 简述光源、物体色和固有色的关系 2. 色彩的基本原理 ● 概述色彩的分类 ● 概述色彩的三要素及特点 3. 色彩混合的原理 ● 简述色彩混合的概念及方法	20
	2. 色彩对比应用设计 ● 能使用色相对比绘制色彩构成作品 ● 能使用明度对比绘制色彩构成作品 ● 能使用纯度对比绘制色彩构成作品	4. 色彩对比的种类和特点 ● 列举色彩对比的种类 ● 归纳色相对比、明度对比、纯度对比、冷暖对比的特点 5. 色彩对比的表现形式和创作方法 ● 列举常见色彩对比的表现形式 ● 归纳常见色彩对比的创作方法	

学习任务	技能与学习要求	知识与学习要求	参考学时
3. 色彩构成应用设计	● 能使用冷暖对比绘制色彩构成作品	6. 色相对比的类型 ● 说出色相对比的类型 7. 色相对比的主要特征和呈现方式 ● 简述同种色、同类色、类似色、三原色、互补色对比的主要特征 ● 简述同种色、同类色、类似色、三原色、互补色对比的呈现方式 8. 明度对比的概念和类型 ● 概述明度对比的概念 ● 说出明度对比的类型 9. 明度对比的特点 ● 简述低明度、中明度、高明度对比的特点 10. 纯度对比的概念和类型 ● 概述纯度对比的概念 ● 说出纯度对比的类型 11. 纯度对比的特点 ● 简述低纯度、中纯度、高纯度对比的特点 12. 冷暖对比的概念及类型 ● 概述冷暖对比的概念 ● 说出冷暖对比的类型 13. 冷暖色调的特点及区分方式 ● 说出冷暖色调的特点 ● 说出冷暖色调的区分方式	
	3. 色彩调和的设计与应用 ● 能使用同一调和绘制色彩构成作品 ● 能使用面积调和绘制色彩构成作品 ● 能使用秩序调和绘制色彩构成作品 ● 能使用间隔调和绘制色彩构成作品	14. 色彩调和的类型和特点 ● 列举色彩调和的类型 ● 说出常见色彩调和的特点 15. 色彩调和的表现形式和特点 ● 归纳常见色彩调和的表现形式 ● 说出同一调和、面积调和、秩序调和、间隔调和的特点	

（续表）

学习任务	技能与学习要求	知识与学习要求	参考学时
3. 色彩构成应用设计	4. 色彩心理的设计与应用 ● 能使用色彩表达冷暖、轻重、软硬、喜怒哀乐等感觉 ● 能运用色彩联想技法表达不同视觉效果 ● 能运用色彩联觉技法表达不同味觉、听觉、嗅觉效果	16. 色彩心理的概念及主要类型 ● 概述色彩心理的概念 ● 说出色彩心理的主要类型 17. 常见色彩心理作品的呈现方式 ● 列举常见色彩心理作品的呈现方式 18. 色彩联想和联觉的概念和区别 ● 概述色彩联想和联觉的概念 ● 说出色彩联想和联觉的区别	
4. 立体构成基本元素应用设计	1. 形态元素的应用设计 ● 能使用立体构成的点、线形态元素完成构成设计 ● 能使用立体构成的面、体形态元素完成构成设计	1. 形态元素的概念和类型 ● 概述形态元素的概念 ● 归纳形态元素的类型 2. 体形态的概念与特征 ● 说出体形态的概念 ● 列举体形态的特征 3. 形态元素的设计方法和要求 ● 列举形态元素的设计方法 ● 说出形态元素的设计要求	8
	2. 材料元素的应用设计 ● 能使用不同的工具进行立体构成造型制作 ● 能使用常见的点材、线材、面材、块材完成立体构成造型制作	4. 材料元素的概念和类型 ● 概述材料元素的概念 ● 列举材料的类型 5. 点材、线材的常见类型 ● 说出点材的常见类型 ● 说出线材的常见类型 6. 面材、块材的常见类型 ● 说出面材的常见类型 ● 说出块材的常见类型 7. 泛材料的设计方法和要求 ● 列举泛材料的设计方法 ● 说出泛材料的设计要求	
	3. 形式元素造型设计与应用 ● 能使用多样统一的形式元素完成立体构成的造型设计 ● 能使用对称均衡的形式元素完成立体构成的造型设计	8. 形式元素的概念与类型 ● 概述形式元素的概念 ● 列举形式元素的类型 9. 多样统一形式元素的概念和特征 ● 概述多样统一形式元素的概念	

学习任务	技能与学习要求	知识与学习要求	参考学时
4. 立体构成基本元素应用设计	● 能使用对比调和的形式元素完成立体构成的造型设计 ● 能使用比例分割的形式元素完成立体构成的造型设计	● 列举多样统一形式元素的特征 10. 对称均衡形式元素的概念和特征 ● 概述对称均衡形式元素的概念 ● 说出对称均衡形式元素的特征 11. 对比调和形式元素的概念 ● 简述对比调和形式元素的基本概念 12. 形式元素造型的设计方法和要求 ● 列举形式元素造型的设计方法 ● 说出形式元素造型的设计要求	
5. 立体构成表现形式设计	1. 半立体构成的应用 ● 能使用半立体构成表现形式完成空间造型设计 ● 能使用切割、折叠、弯曲等构成方法完成半立体构成表现制作 2. 线立体构成应用设计 ● 能使用线立体构成表现形式完成空间造型设计 ● 能使用自由构成、线框构成、线层构成、伸拉构成等构成方法完成线立体构成表现制作	1. 半立体构成的概念和制作方法 ● 概述半立体构成的概念 ● 归纳半立体构成的制作方法 2. 半立体表现形式的概念 ● 说出独立式半立体表现形式的概念 ● 说出连续式半立体表现形式的概念 3. 线立体构成的概念和制作方法 ● 概述线立体构成的概念 ● 归纳线立体构成的制作方法 4. 自由构成的概念和典型设计作品 ● 概述自由构成的概念 ● 列举自由构成形式的典型设计作品 5. 线框构成的概念和典型设计作品 ● 概述线框构成的概念 ● 列举线框构成形式的典型设计作品 6. 线层构成的概念和典型设计作品 ● 概述线层构成的概念 ● 列举线层构成形式的典型设计作品 7. 伸拉构成的概念和典型设计作品 ● 概述伸拉构成的概念 ● 列举伸拉构成形式的典型设计作品 8. 线立体的设计方法和要求 ● 列举线立体的设计方法 ● 说出线立体的设计要求	16

（续表）

学习任务	技能与学习要求	知识与学习要求	参考学时
5. 立体构成表现形式设计	3. 面构成表现形式的设计 ● 能使用面构成表现形式完成空间造型设计 ● 能使用层面排出、插接构成、带状构成等构成方法完成面构成表现制作	9. 面构成的概念和制作方法 ● 概述面构成的概念 ● 简述面构成的制作方法 10. 层面排出的概念和典型设计作品 ● 概述层面排出的概念 ● 列举层面排出构成形式的典型设计作品 11. 插接构成的概念和典型设计作品 ● 概述插接构成的概念 ● 列举插接构成形式的典型设计作品 12. 带状构成的概念和典型设计作品 ● 概述带状构成的概念 ● 列举带状构成形式的典型设计作品	
	4. 块立体构成设计 ● 能使用块立体构成表现形式完成空间造型设计 ● 能使用单体构成、群化构成等构成方法完成块立体构成表现制作	13. 块立体构成的概念和制作方法 ● 概述块立体构成的概念 ● 归纳块立体构成的制作方法 14. 单体构成的概念和典型设计作品 ● 概述单体构成的概念 ● 列举单体构成形式的典型设计作品 15. 群化构成的概念和典型设计作品 ● 概述群化构成的概念 ● 列举群化构成形式的典型设计作品	
总学时			72

五、 实施建议

（一）教材编写与选用建议

1. 应依据本课程标准编写教材或选用教材，从国家和市级教育行政部门发布的教材目录中选用教材，优先选用国家和市级规划教材。

2. 教材要充分体现育人功能，紧密结合教材内容、素材，有机融入课程思政要求，将课程思政内容与专业知识、技能有机统一。

3. 应树立以学生为中心的教材观，在设计教材结构和组织教材内容时遵循中职学生的认知特点与学习规律。

4. 教材编写应以首饰设计师所需的造型设计能力为逻辑线索，按照职业能力培养由易到难、由简单到复杂、由单一到综合的规律,搭建教材的结构框架,确定教材各部分的目标、内容,并进行相应的任务、活动设计等,从而建立起一个结构清晰、层次分明的教材内容体系。

5. 教材在整体设计和内容选取时,要注重引入首饰设计行业发展的新业态、新知识、新技术、新方法,贴近工作实际,体现先进性和实用性,创设或引入职业情境,增强教材的职场感。

6. 教材应以学生为本,增强对学生的吸引力,贴近学生生活、贴近职场,采用生动活泼的、学生乐于接受的语言、图表、视频、动画等形式来呈现内容,让学生在使用教材时有亲切感、真实感。

(二)教学实施建议

1. 切实推进课程思政在教学中的有效落实,寓价值观引导于知识传授和能力培养之中,帮助学生塑造正确的世界观、人生观、价值观。深入梳理教学内容,结合课程特点,充分挖掘课程内容中的思政元素,把思政教学与专业知识、技能教学融为一体,达到润物无声的育人效果。

2. 充分体现职业教育"实践导向、任务引领、理实一体、做学合一"的课改理念,紧密联系珠宝首饰设计行业的实际应用,以构成设计典型任务为载体,加强理论教学与实践教学的结合,充分利用各种实训场所与设备,促进教学方式转变。

3. 坚持以学生为中心的教学理念,充分尊重学生。教师应成为学生学习的组织者、指导者和同伴,遵循学生的认知特点和学习规律,以"学"为中心设计和组织教学活动。

4. 改变传统的灌输式教学,充分调动学生学习的积极性、能动性,采取灵活多样的教学方式,积极探索自主学习、合作学习、探究式学习、问题导向式学习、体验式学习、混合式学习等体现教学新理念的教学方式。

5. 有效利用现代信息技术手段,结合教学内容,紧跟行业流行趋势,使用构成设计图片、视频等媒介改进教学方法与手段,提升教学效果。

6. 注重培养学生良好的学习习惯,把法治意识、规范意识、安全意识、质量意识和工匠精神、创新思维融入教学活动,促进学生综合职业素养的养成。

(三)教学评价建议

1. 以课程标准为依据,开展基于标准的教学评价。

2. 以评促教、以评促学,通过课堂教学及时评价,不断改进教学手段。

3. 教学评价始终坚持德技并重的原则,构建德技融合的专业课教学评价体系,把德育和职业素养的评价内容与要求细化为具体的评价指标,有机融入专业知识与技能的评价指标

体系,形成可观察、可测量的评价量表,综合评价学生学习情况。通过有效评价,在日常教学中不断促进学生良好思想品德和职业素养的形成。

4. 注重日常教学中对学生学习的评价,充分利用多种过程性评价工具,如评价表、记录袋等,积累过程性评价数据,形成过程性评价与终结性评价相结合的评价模式。

5. 在日常教学中开展对学生学习的评价时,充分利用信息化手段,使用各类较成熟的教育评价平台,探索教育数字化转型背景下的评价模式。

(四) 资源利用建议

1. 开发适合教学使用的多媒体教学资源库和多媒体教学课件。幻灯片、投影、操作录屏、微课等资源有利于创设形象生动的学习情境,激发学生的学习兴趣,促进学生对专业知识的理解和掌握。建议加强构成设计课程资源的开发,建立线上、线下课程资源的数据库,努力实现学校间的课程资源共享。

2. 积极开发和利用网络课程资源,引导学生善用丰富的在线资源,自主学习与首饰设计师造型设计能力相关的指导视频;充分利用电子期刊、数字图书馆、教育网站和网络论坛等资源,使教学媒体从单一媒体向多媒体转变,使教学活动从信息的单向传递向双向交换转变,使学习方式从单独学习向合作学习转变。

3. 产学合作开发专业课程实训资源,充分利用珠宝首饰行业典型资源,加强与珠宝首饰生产企业的合作,建立实习实训基地,满足学生的实习实训需求。

图案表现课程标准

▎课程名称

图案表现

▎适用专业

中等职业学校首饰设计与制作

一、 课程性质

图案表现是中等职业学校首饰设计与制作专业的一门专业核心课程,也是该专业的一门专业必修课程。其功能是使学生掌握图案的基本知识和图案表现的基本技能。本课程是基础绘画课程和构成设计课程的后续课程,也是学生学习其他专业课程的基础。

二、 设计思路

本课程的总体设计思路是:遵循任务引领、理实一体的原则,根据首饰设计与制作专业工作任务与职业能力分析结果,以首饰设计所需的图案表现能力为依据而设置。

课程内容紧紧围绕图案表现能力培养的需要,选取了图案表现的基础知识、写生观察方法、图案的变形方法、图案的表现技法和图案的色彩搭配等内容,遵循适度够用的原则,确定相关理论知识、专业技能与要求,并融入"1＋X"珠宝首饰设计职业技能等级证书(初级)的相关考核要求。

课程内容组织以图案设计的一般流程为主线,从易到难,设有图案分类、绘制创作素材、几何图案表现、仿生图案表现、图案色彩表现、图案命题创作6个学习任务。以任务为引领,通过任务整合相关知识、技能与职业素养。

本课程建议学时数为72学时。

三、 课程目标

通过本课程的学习,学生能具备图案表现的基础知识,掌握图案创作的基本技能,能通过图案表现设计简单的首饰造型图稿,达到"1＋X"珠宝首饰设计职业技能等级证书(初级)

的相关考核要求,具体达成以下职业素养和职业能力目标。

(一)职业素养目标

● 具有较强的法治意识、安全意识、质量意识。

● 具有良好的职业道德,自觉遵守首饰设计行业相关法规,诚实守信。

● 养成认真负责、严谨细致、专注耐心、精益求精的职业态度。

● 在学习实践中不断提升艺术修养,逐渐养成科学健康、积极向上的审美情趣。

● 增进对中国传统图案纹样的认识与喜爱。

● 养成良好的团队合作意识,积极参与团队学习与实践,主动协助同伴完成任务,提高人际沟通能力。

● 形成独立思考的习惯,具备勇于创新的精神。

(二)职业能力目标

● 能区分首饰图案风格和分类。

● 能熟练掌握图案工具的使用方法。

● 能运用线描技法绘制素材。

● 能运用图案变形的方法对素材进行艺术加工。

● 能掌握色彩搭配的规律,运用色彩对图案进行艺术加工。

● 能对设计主题进行分析归纳。

● 能运用图案表现的知识和技能创作首饰造型图稿。

四、 课程内容与要求

学习任务	技能与学习要求	知识与学习要求	参考学时
1. 图案分类	1. 图案分类 ● 能根据图案的基本概念对图案进行分类	1. 图案的概念和作用 ● 概述图案的概念 ● 说出图案的艺术魅力在设计中的重要作用 2. 图案分类的分类依据 ● 简述图案的分类依据	4
	2. 分析中国传统图案的寓意 ● 能分析中国传统图案的寓意	3. 传统图案名称及寓意 ● 举例说明中国传统图案名称 ● 说出中国传统图案的寓意	

(续表)

学习任务	技能与学习要求	知识与学习要求	参考学时
2. 绘制创作素材	1. 观察素材 ● 能多角度观察分析素材 ● 能分析素材的局部特征 ● 能对素材进行合理重组	1. 观察素材的方法 ● 描述素材在不同视角下的透视关系 ● 归纳素材的整体特征与局部特征	8
	2. 写生对象比例结构分析 ● 能分析写生对象的比例结构	2. 写生对象比例结构的分析方法 ● 说出写生对象比例结构的分析方法	
	3. 识别和选用图案表现的绘图工具 ● 能识别绘图工具的特征 ● 能选用恰当的绘图工具	3. 绘图工具的特征和使用方法 ● 说出绘图工具的特征 ● 简述绘图工具的使用方法	
	4. 线描绘制 ● 能运用线描技法绘制素材	4. 线描表现的技法 ● 归纳线描表现的技法	
3. 几何图案表现	1. 识别几何形 ● 能识别几何形的特征	1. 几何形特征 ● 熟知几何形的特征	8
	2. 绘制几何形 ● 能绘制几何形的形态	2. 几何形的绘制方法 ● 描述3—4种几何形的形态特征	
	3. 几何形图案表现 ● 能对几何形的角进行夸张变形 ● 能对几何形的边进行夸张变形 ● 能对几何形内部进行分割装饰	3. 几何图案的变形方法 ● 说出几何图案的变形方法 ● 归纳几何形的角、边及内部分割的变形方法	
4. 仿生图案表现	1. 仿生图案变形 ● 能运用简化、规整、夸张、添加等方法对图案进行变形 ● 能运用简化、规整、夸张、添加等方法进行仿生图案表现	1. 仿生图案变形方法 ● 描述简化、规整、夸张、添加等图案变形方法	32
	2. 仿生图案表现 ● 能运用点、线、面对变形仿生图案进行装饰	2. 图案表现中点、线、面的特征 ● 归纳图案表现中点、线、面的特征	

（续表）

学习任务	技能与学习要求	知识与学习要求	参考学时
5. 图案色彩表现	1. 分析色彩调色方法 ● 能运用色彩调色的方法,绘制色彩推移并在图案中运用	1. 色彩调色的方法 ● 说出色彩调色的方法	12
	2. 制订色彩搭配方案 ● 能通过色环进行色彩搭配 ● 能采集图片中的色彩比重 ● 能把制订的色彩搭配方案运用到图案设计中	2. 色彩调性 ● 说出图案色彩的整体调性 3. 色彩明度、纯度对比关系 ● 概述色彩明度、纯度对比关系	
6. 图案命题创作	1. 命题创作设计 ● 能分析、理解命题 ● 能根据命题进行素材收集 ● 能运用图案表现技法对素材进行艺术创作 ● 能根据命题进行合适的色彩搭配	1. 命题创作的概念和方法 ● 说出命题创作的概念 ● 举例说明命题创作的方法	8
	2. 撰写设计过程和说明 ● 能制订命题创作的设计方案 ● 能撰写命题创作的主题思想和内涵	2. 命题创作的设计过程 ● 简述命题创作的设计过程 3. 命题创作的主题思想和内涵 ● 描述命题创作的主题思想 ● 描述命题创作的内涵	
总学时			72

五、实施建议

（一）教材编写与选用建议

1. 应依据本课程标准编写教材或选用教材,从国家和市级教育行政部门发布的教材目录中选用教材,优先选用国家和市级规划教材。

2. 教材要充分体现育人功能,紧密结合教材内容、素材,有机融入课程思政要求,将课程思政内容与专业知识、技能有机统一。

3. 应树立以学生为中心的教材观,在设计教材结构和组织教材内容时遵循中职学生的认知特点与学习规律。理论知识以够用为原则,文字简明扼要,图文并茂,可介绍优秀的与本专业联系比较紧密的图案作品、首饰作品的设计手稿,并加以分析评述。

4. 教材活动设计要有可操作性,教材编写应以首饰设计师所需的图案表现能力为逻辑线索,按照职业能力培养由易到难、由简单到复杂、由单一到综合的规律,搭建教材的结构框架,确定教材各部分的目标、内容,并进行相应的任务、活动设计等,从而建立起一个结构清晰、层次分明的教材内容体系。

5. 教材在整体设计和内容选取时,要注重引入首饰设计行业发展的新业态、新知识(如引入国际潮流的图形和色彩),关注珠宝首饰行业潮流的发展,对接首饰设计师职业标准和岗位要求,创设或引入职业情境,增强教材的职场感。

6. 教材应以学生为本,增强对学生的吸引力,贴近学生生活、贴近职场,采用生动活泼的、学生乐于接受的语言、图表、视频、动画等形式来呈现内容,让学生在使用教材时有亲切感、真实感。

(二)教学实施建议

1. 切实推进课程思政在教学中的有效落实,寓价值观引导于知识传授和能力培养之中,帮助学生塑造正确的世界观、人生观、价值观。深入梳理教学内容,结合课程特点,充分挖掘课程思政元素,有机融入课程教学,达到润物无声的育人效果。

2. 充分体现职业教育"实践导向、任务引领、理实一体、做学合一"的课改理念,紧密联系珠宝首饰企业设计款式的动态,把图案表现转化成首饰造型,以图案表现典型任务为载体,加强理论教学与实践教学的结合,充分利用各种实训场所与设备,促进教学方式转变。

3. 坚持以学生为中心的教学理念,充分尊重学生。教师应成为学生学习的组织者、指导者和支持者,遵循学生的认知特点和学习规律,以"学"为中心设计和组织教学活动,尊重学生个性化发展。

4. 改变传统的灌输式教学,充分调动学生学习的积极性、能动性,采取灵活多样的教学方式,积极探索自主学习、合作学习、探究式学习、问题导向式学习、体验式学习、混合式学习等体现教学新理念的教学方式。

5. 有效利用现代信息技术手段,结合教学内容,紧跟行业流行趋势,使用图片、视频等媒介改进教学方法与手段,提升教学效果。

6. 注重培养学生良好的学习习惯,把法治意识、规范意识、安全意识、质量意识和工匠精神、创新思维融入教学活动,促进学生综合职业素养的养成。

(三)教学评价建议

1. 以课程标准为依据,开展基于标准的教学评价。

2. 以评促教、以评促学,通过课堂教学及时评价,不断改进教学手段。

3. 教学评价始终坚持德技并重的原则,构建德技融合的专业课教学评价体系,把德育和职业素养的评价内容与要求细化为具体的评价指标,有机融入专业知识与技能的评价指标

体系,形成可观察、可测量的评价量表,综合评价学生学习情况。通过有效评价,在日常教学中不断促进学生良好思想品德和职业素养的形成。

4. 注重日常教学中对学生学习的评价,充分利用多种过程性评价工具,如评价表、记录袋等,积累过程性评价数据,形成过程性评价与终结性评价相结合的评价模式。

5. 在日常教学中开展对学生学习的评价时,充分利用信息化手段,使用各类较成熟的教育评价平台,探索教育数字化转型背景下的评价模式。

(四)资源利用建议

1. 开发适合教学使用的多媒体教学资源库和多媒体教学课件。幻灯片、投影、操作录屏、微课等资源有利于创设形象生动的学习情境,激发学生的学习兴趣,促进学生对专业知识的理解和掌握。建议加强图案表现课程资源的开发,建立线上、线下课程资源的数据库,努力实现学校间的课程资源共享。

2. 积极开发和利用网络课程资源,引导学生善用丰富的在线资源,自主学习与首饰设计师图案表现能力相关的指导视频;充分利用电子期刊、数字图书馆、教育网站和网络论坛等资源,使教学媒体从单一媒体向多媒体转变,教学活动从信息的单向传递向双向交换转变,学习方式从单独学习向合作学习转变。

3. 产学合作开发专业课程实训资源,充分利用珠宝首饰行业典型资源,加强与珠宝首饰生产企业的合作,建立实习实训基地,满足学生的实习实训需求。

4. 建立首饰设计实训室,鼓励学生利用课余时间到实训室进行艺术创作,将教学与培训合一、实训与创作合一,满足学生首饰设计与制作相关职业能力培养的要求。

首饰图形图像处理课程标准

┃课程名称

首饰图形图像处理

┃适用专业

中等职业学校首饰设计与制作专业

一、 课程性质

首饰图形图像处理是中等职业学校首饰设计与制作专业的一门专业核心课程,也是该专业的一门专业必修课程。其功能是使学生掌握首饰图形图像处理的基本理论知识和技能。本课程为图案表现课程、构成设计课程的后续课程,也是学生学习其他专业课程的基础。

二、 设计思路

本课程的总体设计思路是:遵循任务引领、理实一体的原则,根据首饰设计与制作专业的工作任务与职业能力分析结果,以首饰设计所需的首饰图形图像处理能力为依据而设置。

课程内容紧紧围绕首饰图形图像处理能力培养的需要,选取了首饰图片修片、图片效果处理、文字编辑、文字特效处理、图文排版、文件输出等内容,遵循适度够用的原则,确定相关理论知识、专业技能与要求,并融入"1 + X"电脑首饰设计职业技能等级证书(初级)的相关考核要求。

课程内容的组织以首饰图形图像处理的一般流程为主线,设有首饰图片处理、文字制作、图文编排、文件存储与输出 4 个学习任务。以任务为引领,通过任务整合相关知识、技能与职业素养。

本课程建议学时数为 72 学时。

三、 课程目标

通过本课程的学习,学生能具备首饰图形图像处理的基础知识,掌握首饰图形图像处理的基本技能,能应用图形图像处理软件进行首饰图片修片、文字编辑、图文编排、文件输出等,达到"1＋X"电脑首饰设计职业技能等级证书(初级)的相关考核要求,具体达成以下职业素养和职业能力目标。

(一) 职业素养目标

- 逐渐养成遵纪守法、爱岗敬业、实事求是的职业道德。
- 严格遵守首饰计算机设计实训室设备的使用规定和设备操作规范,养成良好的职业习惯。
- 在学习实践中不断提升艺术修养,逐渐养成科学健康、积极向上的审美情趣。
- 逐渐养成认真负责、严谨细致、专注耐心、精益求精的职业态度。
- 养成良好的团队合作意识,积极参与团队学习与实践,主动协助同伴完成任务,提高人际沟通能力。
- 在设计制作中,具备版权意识和原创意识。

(二) 职业能力目标

- 能熟练使用抠图工具选取首饰图像。
- 能熟练使用基本调色工具对图像色调进行修饰。
- 能熟练使用图像修复、图像润饰等工具对首饰产品进行精修。
- 能熟练使用滤镜制作图像特殊效果。
- 能熟练使用文字工具制作各类特效文本。
- 能熟练使用蒙版图层等工具进行图像合成制作。
- 能依据项目需求,正确完成文件转换、图像输出。

四、 课程内容与要求

学习任务	技能与学习要求	知识与学习要求	参考学时
1. 首饰图片处理	1. 图片创建 ● 能运用图形图像软件创建和编辑图层 ● 能根据需求建立选区 ● 能根据需求使用图层样式工具	1. 图层的作用与使用方法 ● 简述图层的作用 ● 列举图层创建、复制、删除的操作方法 2. 选区的概念与工具 ● 概述选区的概念 ● 简述选择工具的种类和特点 3. 图层混合模式的功能 ● 简述图层混合模式的功能 4. 图层样式的使用方法 ● 列举图层样式的使用方法	24

学习任务	技能与学习要求	知识与学习要求	参考学时
	2. 首饰图片修片处理 ● 能根据需求选择合适的工具修复和调整图像 ● 能根据需求使用蒙版进行图片处理 ● 能根据需求使用合适的工具完成抠图处理 ● 能使用综合工具完成首饰产品图片修片	5. 图像选取方法 ● 列举魔棒、套索、色彩范围、钢笔工具、快速通道等图像选取工具的作用 ● 简述魔棒、套索、色彩范围、钢笔工具、快速通道等图像选取工具选取图像的方法 6. 图像抠图方法 ● 列举路径抠图、通道抠图、蒙版抠图的区别 ● 简述路径抠图、通道抠图、蒙版抠图的方法	
1. 首饰图片处理	3. 首饰图片色彩调整 ● 能根据需求选择颜色模式，调整图片的色彩与色调 ● 能使用滤镜完成图片特效处理 ● 能使用综合工具完成首饰产品图片色彩调整	7. 颜色面板和调整面板的功能 ● 简述颜色面板和调整面板的功能 8. 色彩与色调调整方法 ● 说出色调/对比度/颜色、亮度/对比度、色阶、曲线、色彩平衡、色相/饱和度、去色、替换颜色、照片滤镜、阴影/高光、曝光度等调整命令调整色调的方法 9. 滤镜命令的功能和使用方法 ● 列举滤镜命令的功能 ● 列举滤镜命令的使用方法 10. 色彩平衡中色调与光线的关系 ● 说出色彩平衡中色调与光线的关系 11. 常见滤镜效果的名称和功能 ● 归纳常见滤镜效果的名称 ● 归纳常见滤镜效果的功能 12. 常见滤镜的操作方法 ● 列举风格化、模糊、扭曲、锐化、视频、像素化、渲染、杂色等滤镜组的操作方法	

(续表)

学习任务	技能与学习要求	知识与学习要求	参考学时
1. 首饰图片处理	4. 首饰图片特效制作 ● 能根据制作要求使用图层混合模式和图层样式功能完成图像特效制作 ● 能根据制作要求使用滤镜功能完成图像特效制作 ● 能根据制作要求使用综合工具完成首饰类产品特效制作	13. 图片修复的方法 ● 列举图片修复的多种方法 14. 图片修片处理 ● 列举工具修复和调整图像的方法 ● 简述蒙版修片处理的步骤 15. 图片色彩调整的方法 ● 列举颜色模式调整图片的色彩与色调的方法 16. 使用滤镜进行图片特效处理的步骤 ● 简述使用滤镜进行图片特效处理的步骤 17. 图片特效制作的方法和步骤 ● 列举使用图层混合模式和图层样式功能进行图像特效制作的方法 ● 简述使用滤镜功能进行图像特效制作的步骤 18. 蒙版的应用范围和使用方法 ● 简述蒙版的应用范围 ● 列举图层蒙版、剪切蒙版和矢量蒙版的使用方法	
2. 文字制作	1. 文字对象辨识 ● 能辨识常见的汉字字体及常用的英文字体 ● 能辨识常见的字号	1. 字体类型及特点 ● 列举典型中英文字体的类型 ● 阐述典型中英文字体的特点	16
	2. 文字及段落文本创建 ● 能使用文字工具创建点文字、路径文字 ● 能通过选项栏、字符面板设置字体样式 ● 能使用文字工具创建段落文本,并设置段落文本格式 ● 能根据制作要求将文本沿路径排列,并创建各种路径文本	2. 文字工具的作用 ● 简述横排文字工具、直排文字工具、横排文字蒙版工具、直排文字蒙版工具的作用 3. 文字框的设置方法和作用 ● 简述文字框的设置方法 ● 简述文字框的作用 4. 路径文字创建的方法 ● 说出路径文字创建的方法	

（续表）

学习任务	技能与学习要求	知识与学习要求	参考学时
2. 文字制作	3. 创意文字制作 ● 能使用路径文字制作创意文字 ● 能根据制作要求完成文字膨胀、收缩、鱼眼、旗帜等变形处理	5. 变形文字的方法及调整参数产生的效果 ● 说出创建变形文字的方法 ● 描述变形文字调整参数产生的效果	
	4. 文字效果制作 ● 能通过文字图层转换成普通图层的方法制作特效文字 ● 能使用图层样式、图层混合模式、滤镜、钢笔工具等制作特效文字	6. 文字图层栅格化的方法 ● 说出文字图层栅格化的方法 7. 图层样式作用于文字效果的制作方法 ● 说出图层样式作用于文字效果的制作方法 8. 文字图层转换的作用和方法 ● 简述文字图层转换为普通图层、形状、路径的作用 ● 说出文字图层转换的方法	
3. 图文编排	1. 图文版式辨识 ● 能辨识满版式、分割式、对称式、自由式的编排类型	1. 图文版式的类型和形式 ● 说出图文版式编排的类型 ● 列举图文版式编排的形式	28
	2. 图文编排 ● 能根据制作要求完成满版式、分割式、对称式、自由式的图文编排 ● 能根据制作要求完成图文混合编排	2. 图文编排的种类和方法 ● 列举图文编排的种类 ● 列举图文环绕的方法	
	3. 首饰主题海报设计 ● 能按照要求完成首饰主题海报图片处理 ● 能按照要求完成首饰主题海报主标题、副标题文字处理 ● 能使用抠图工具修饰所需图像 ● 能使用滤镜、图像调整命令制作特殊效果 ● 能使用蒙版、图层合成图文内容	3. 首饰主题海报的表现形式和设计技巧 ● 简述首饰主题宣传海报的表现形式 ● 归纳首饰主题宣传海报的设计技巧 4. 首饰主题图片处理要点 ● 列举首饰主题图片处理要点 5. 标题文字排版设计方法 ● 简述标题文字排版设计方法	

（续表）

学习任务	技能与学习要求	知识与学习要求	参考学时
4. 文件存储与输出	1. 文件存储 ● 能根据制作要求将图像文件存储为预览 PSD 格式、JPEG 格式、TIFF 格式 ● 能根据制作要求将图像文件导出为 PDF 格式、PNG 格式、GIF 格式	1. 文件存储格式要求 ● 说出图像文件存储为预览与印刷的图片格式要求 ● 举例说明预览、印刷等图像文件格式	4
	2. 文件输出 ● 能正确设置分辨率与所要求的格式 ● 能完成文件的打包与输出	2. 设置文件输出参数数值的方法 ● 记住设置图像分辨率、屏幕分辨率、输出分辨率参数的数值 3. 出血的设置方法 ● 记住出血的设置方法 4. 文件输出格式要求 ● 列举常用的输出格式 5. 文件转曲与打包的方法 ● 记住文件转曲与打包的方法	
总学时			72

五、 实施建议

（一）教材编写与选用建议

1. 应依据本课程标准编写教材或选用教材，从国家和市级教育行政部门发布的教材目录中选用教材，优先选用国家和市级规划教材。

2. 教材要充分体现育人功能，紧密结合教材内容、素材，有机融入课程思政要求，将课程思政内容与专业知识、技能有机统一。

3. 应树立以学生为中心的教材观，在设计教材结构和组织教材内容时遵循中职学生的认知特点与学习规律。

4. 教材编写应以首饰设计师所需的图形图像处理能力为逻辑线索，按照职业能力培养由易到难、由简单到复杂、由单一到综合的规律，搭建教材的结构框架，确定教材各部分的目标、内容，并进行相应的任务、活动设计等，从而建立起一个结构清晰、层次分明的教材内容体系。

5. 教材在整体设计和内容选取时，要注重引入首饰设计行业发展的新技术、新方法，对接"1＋X"电脑首饰设计职业技能等级证书(初级)的相关考核标准和首饰计算机辅助设计岗位要求,贴近工作实际,体现先进性和实用性,创设或引入职业情境,增强教材的职场感。

6. 教材应以学生为本,增强对学生的吸引力,贴近职场,采用生动活泼的、学生乐于接受的语言、图表、视频、动画等形式来呈现内容,让学生在使用教材时有亲切感、真实感。

(二) 教学实施建议

1. 切实推进课程思政在教学中的有效落实,寓价值观引导于知识传授和能力培养之中,帮助学生塑造正确的世界观、人生观、价值观。深入梳理教学内容,结合课程特点,充分挖掘课程内容中的思政元素,把思政教学与专业知识、技能教学融为一体,达到润物无声的育人效果。

2. 充分体现职业教育"实践导向、任务引领、理实一体、做学合一"的课改理念,紧密联系珠宝首饰行业的实际应用,以首饰图形图像处理工作流程为载体,加强理论教学与实践教学的结合,充分利用各种实训场所与设备,促进教学方式转变。

3. 坚持以学生为中心的教学理念,充分尊重学生。教师应努力成为学生学习的组织者、指导者和同伴,遵循学生的认知特点和学习规律,以"学"为中心设计和组织教学活动。

4. 改变传统的灌输式教学,充分调动学生学习的积极性、能动性,采取灵活多样的教学方式,积极探索自主学习、合作学习、探究式学习、问题导向式学习、体验式学习、混合式学习等体现教学新理念的教学方式。

5. 有效利用现代信息技术手段,结合教学内容,紧跟行业流行趋势,使用图片、视频等媒介改进教学方法与手段,提升教学效果。

6. 注重培养学生良好的学习习惯,把法治意识、规范意识、安全意识、质量意识和工匠精神、创新思维融入教学活动,促进学生综合职业素养的养成。

(三) 教学评价建议

1. 以课程标准为依据,开展基于标准的教学评价。

2. 以评促教、以评促学,通过课堂教学及时评价,不断改进教学手段。

3. 教学评价始终坚持德技并重的原则,构建德技融合的专业课教学评价体系,把德育和职业素养的评价内容与要求细化为具体的评价指标,有机融入专业知识与技能的评价指标体系,形成可观察、可测量的评价量表,综合评价学生学习情况。通过有效评价,在日常教学中不断促进学生良好思想品德和职业素养的形成。

4. 注重日常教学中对学生学习的评价,充分利用多种过程性评价工具,如评价表、记录袋等,积累过程性评价数据,形成过程性评价与终结性评价相结合的评价模式。

5. 在日常教学中开展对学生学习的评价时,充分利用信息化手段,使用各类较成熟的教育评价平台,探索教育数字化转型背景下的评价模式。

(四)资源利用建议

1. 开发适合教学使用的多媒体教学资源库和多媒体教学课件。幻灯片、投影、操作录屏、微课等资源有利于创设形象生动的学习情境,激发学生的学习兴趣,促进学生对专业知识的理解和掌握。建议加强常用图形图像处理课程资源的开发,建立线上、线下课程资源的数据库,努力实现学校间的课程资源共享。

2. 积极开发和利用网络课程资源,引导学生善用丰富的在线资源,自主学习与首饰设计师图形图像处理能力相关的指导视频;充分利用电子期刊、数字图书馆、教育网站和网络论坛等资源,使教学媒体从单一媒体向多媒体转变,教学活动从信息的单向传递向双向交换转变,学习方式从单独学习向合作学习转变。

3. 产学合作开发专业课程实训资源。充分利用珠宝首饰行业典型的资源,加强与珠宝首饰生产企业的合作,建立实习实训基地,满足学生的实习实训需求。

4. 建立首饰计算机设计实训室,鼓励学生利用课余时间到实训室进行艺术创作,将教学与培训合一、实训与创作合一,满足学生首饰设计与制作相关职业能力培养的要求。

首饰手绘表现课程标准

课程名称

首饰手绘表现

适用专业

中等职业学校首饰设计与制作专业

一、 课程性质

首饰手绘表现是首饰设计与制作专业的一门专业核心课程,也是该专业的一门专业必修课程。其功能是使学生掌握首饰设计中手绘表现的基本理论知识及相关技能。本课程是基础绘画课程、构成设计课程、图案表现课程的后续课程,也是学生学习其他专业课程的基础。

二、 设计思路

本课程的总体设计思路是:遵循任务引领、做学一体的原则,根据首饰设计与制作专业的工作任务与职业能力分析结果,以首饰设计所需的手绘表现能力为依据而设置。

课程内容紧紧围绕首饰手绘表现能力培养的需要,选取了宝石的绘制、金属的绘制、金属肌理的绘制及特殊工艺的绘制等内容,遵循适度够用的原则,确定相关理论知识、专业技能与要求,并融入"1 + X"珠宝首饰设计职业技能等级证书(初级)的相关考核要求。

课程内容组织以首饰手绘表现的典型任务为主线,从易到难,设有选用首饰绘图工具、绘制常见刻面型宝石、绘制常见弧面型宝石、绘制常见金属造型、绘制常见金属肌理、绘制金属特殊工艺、绘制首饰镶嵌结构与配件 7 个学习任务。以任务为引领,通过任务整合相关知识、技能与职业素养。

本课程建议学时数为 72 学时。

三、 课程目标

通过本课程的学习,学生能具备首饰手绘表现的基础知识,掌握首饰手绘表现的基本技能,能使用首饰手绘工具绘制常见刻面型宝石、常见弧面型宝石、常见金属造型、常见金属肌理和金属特殊工艺等,并能进行首饰手绘表现创作练习,达到"1 + X"珠宝首饰设计职业技能等级证书(初级)的相关考核要求,具体达成以下职业素养和职业能力目标。

(一) 职业素养目标

● 逐渐养成爱岗敬业、诚实守信的职业道德。

● 在学习实践中不断提升艺术修养,逐渐养成科学健康、积极向上的审美情趣。

● 养成敢于创新、善于沟通、勤于合作的职业意识。

● 逐渐养成严谨细致、专注耐心、制图精准的职业态度。

(二) 职业能力目标

● 能根据表现内容熟练使用首饰手绘工具、材料。

● 能绘制常见刻面型宝石。

● 能绘制常见弧面型宝石。

● 能绘制常见金属造型。

● 能绘制常见金属肌理。

● 能绘制常见金属特殊工艺。

● 能绘制常见首饰镶嵌结构与配件。

四、 课程内容与要求

学习任务	技能与学习要求	知识与学习要求	参考学时
1. 选用首饰绘图工具	1. 识别常用首饰绘图工具 ● 能识别首饰绘图常用工具 ● 能根据需要,选用常用首饰绘图工具	1. 首饰的概念与基本流程 ● 概述首饰的基本概念 ● 简述首饰制作的基本流程 2. 首饰的常见类型与知名品牌 ● 归纳首饰的常见类型 ● 列举知名珠宝品牌 3. 首饰设计绘图常用工具 ● 列举首饰设计常用工具的名称 ● 说出首饰设计常用工具的特点与用途	2
	2. 使用珠宝模板 ● 能根据需要,在标准十字辅助线上使用珠宝模板	4. 珠宝模板的类型和使用方法 ● 说出珠宝模板的类型 ● 说出珠宝模板的使用方法	
2. 绘制常见刻面型宝石	1. 绘制常见宝石的不同琢型轮廓 ● 能绘制常见宝石的不同琢型轮廓	1. 宝石琢型的类型和特点 ● 说出宝石琢型的类型 ● 描述宝石琢型的特点	20

学习任务	技能与学习要求	知识与学习要求	参考学时
2. 绘制常见刻面型宝石	2. 绘制圆形刻面型宝石 ● 能绘制圆形刻面型宝石的结构 ● 能测算圆形刻面型宝石的台宽比 ● 能绘制圆形刻面型宝石的明暗素描图 ● 能绘制圆形刻面型宝石的色彩效果图	2. 圆形刻面型宝石的结构和刻面特点 ● 说出圆形刻面型宝石的结构 ● 说出圆形刻面型宝石的名称、位置、形状、数量 3. 圆形刻面型宝石台宽比的测算方法 ● 说出圆形刻面型宝石台宽比的测算方法 4. 圆形刻面型宝石的绘制流程 ● 归纳圆形刻面型宝石的绘制流程	
	3. 绘制椭圆形刻面型宝石 ● 能测算椭圆形刻面型宝石的比例 ● 能绘制椭圆形刻面型宝石的结构 ● 能绘制椭圆形刻面型宝石的明暗素描图 ● 能绘制椭圆形刻面型宝石的色彩效果图	5. 椭圆形刻面型宝石的结构和刻面特点 ● 说出椭圆形刻面型宝石的结构 ● 说出椭圆形刻面型宝石的名称、位置、形状、数量 6. 椭圆形刻面型宝石的比例 ● 说出椭圆形刻面型宝石比例的测算方法 7. 椭圆形刻面型宝石的绘制流程 ● 归纳椭圆形刻面型宝石的绘制流程	
	4. 绘制水滴形刻面型宝石 ● 能测算水滴形刻面型宝石的比例 ● 能绘制水滴形刻面型宝石的结构 ● 能绘制水滴形刻面型宝石的明暗素描图 ● 能绘制水滴形刻面型宝石的色彩效果图	8. 水滴形刻面型宝石的结构和刻面特点 ● 说出水滴形刻面型宝石的结构 ● 说出水滴形刻面型宝石的名称、位置、形状、数量 9. 水滴形刻面型宝石的比例 ● 说出水滴形刻面型宝石比例的测算方法 10. 水滴形刻面型宝石的绘制流程 ● 归纳水滴形刻面型宝石的绘制流程	
	5. 绘制马眼形刻面型宝石 ● 能测算马眼形刻面型宝石的比例 ● 能绘制马眼形刻面型宝石的结构 ● 能绘制马眼形刻面型宝石的明暗素描图 ● 能绘制马眼形刻面型宝石的色彩效果图	11. 马眼形刻面型宝石的结构和刻面特点 ● 说出马眼形刻面型宝石的结构 ● 说出马眼形刻面型宝石的名称、位置、形状、数量 12. 马眼形刻面型宝石的比例 ● 说出马眼形刻面型宝石比例的测算方法 13. 马眼形刻面型宝石的绘制流程 ● 归纳马眼形刻面型宝石的绘制流程	

（续表）

学习任务	技能与学习要求	知识与学习要求	参考学时
2. 绘制常见刻面型宝石	6. 绘制阶梯形刻面型宝石 ● 能测算阶梯形刻面型宝石的比例 ● 能绘制阶梯形刻面型宝石的结构 ● 能绘制阶梯形刻面型宝石的明暗素描图 ● 能绘制阶梯形刻面型宝石的色彩效果图	14. 阶梯形刻面型宝石的结构和刻面特点 ● 说出阶梯形刻面型宝石的结构 ● 说出阶梯形刻面型宝石的名称、位置、形状、数量 15. 阶梯形刻面型宝石的比例 ● 说出阶梯形刻面型宝石比例的测算方法 16. 阶梯形刻面型宝石的绘制流程 ● 归纳阶梯形刻面型宝石的绘制流程	
	7. 绘制心形刻面型宝石 ● 能测算心形刻面型宝石的比例 ● 能绘制心形刻面型宝石的结构 ● 能绘制心形刻面型宝石的明暗素描图 ● 能绘制心形刻面型宝石的色彩效果图	17. 心形刻面型宝石的结构和刻面特点 ● 说出心形刻面型宝石的结构 ● 说出心形刻面型宝石的名称、位置、形状、数量 18. 心形刻面型宝石的比例 ● 说出心形刻面型宝石比例的测算方法 19. 心形刻面型宝石的绘制流程 ● 归纳心形刻面型宝石的绘制流程	
	8. 绘制三角形刻面型宝石 ● 能测算三角形刻面型宝石的比例 ● 能绘制三角形刻面型宝石的结构 ● 能绘制三角形刻面型宝石的明暗素描图 ● 能绘制三角形刻面型宝石的色彩效果图	20. 三角形刻面型宝石的结构和刻面特点 ● 说出三角形刻面型宝石的结构 ● 说出三角形刻面型宝石的名称、位置、形状、数量 21. 三角形刻面型宝石的绘制流程 ● 说出三角形刻面型宝石的绘制流程 22. 三角形刻面型宝石的比例 ● 归纳三角形刻面型宝石比例的测算方法	
	9. 绘制枕形刻面型宝石 ● 能测算枕形刻面型宝石的比例 ● 能绘制枕形刻面型宝石的结构 ● 能绘制枕形刻面型宝石的明暗素描图 ● 能绘制枕形刻面型宝石的色彩效果图	23. 枕形刻面型宝石的结构和刻面特点 ● 说出枕形刻面型宝石的结构 ● 说出枕形刻面型宝石的名称、位置、形状、数量 24. 枕形刻面型宝石的比例 ● 说出枕形刻面型宝石比例的测算方法 25. 枕形刻面型宝石的绘制流程 ● 归纳枕形刻面型宝石的绘制流程	

（续表）

学习任务	技能与学习要求	知识与学习要求	参考学时
3. 绘制常见弧面型宝石	1. 绘制宝石类弧面型宝石 ● 能绘制红宝石、蓝宝石的明暗素描图 ● 能绘制红宝石、蓝宝石的色彩效果图 ● 能绘制祖母绿的明暗素描图 ● 能绘制祖母绿的色彩效果图	1. 弧面型宝石的类型 ● 说出弧面型宝石的类型 2. 红宝石、蓝宝石的特征和绘制流程 ● 描述红宝石、蓝宝石的特征 ● 归纳红宝石、蓝宝石的绘制流程 3. 祖母绿的特征和绘制流程 ● 描述祖母绿的特征 ● 归纳祖母绿的绘制流程	18
	2. 绘制玉石类弧面型宝石 ● 能绘制翡翠的明暗素描图 ● 能绘制翡翠的色彩效果图 ● 能绘制白玉的明暗素描图 ● 能绘制白玉的色彩效果图	4. 翡翠的特征和绘制流程 ● 说出翡翠的特征 ● 归纳翡翠的绘制流程 5. 白玉的特征和绘制流程 ● 说出白玉的特征 ● 归纳白玉的绘制流程	
	3. 绘制不透明弧面型宝石 ● 能绘制青金石的明暗素描图 ● 能绘制青金石的色彩效果图 ● 能绘制绿松石的明暗素描图 ● 能绘制绿松石的色彩效果图 ● 能绘制孔雀石的明暗素描图 ● 能绘制孔雀石的色彩效果图 ● 能绘制玛瑙的明暗素描图 ● 能绘制玛瑙的色彩效果图 ● 能绘制珊瑚的明暗素描图 ● 能绘制珊瑚的色彩效果图	6. 青金石的特征和绘制流程 ● 说出青金石的特征 ● 归纳青金石的绘制流程 7. 绿松石的特征和绘制流程 ● 说出绿松石的特征 ● 归纳绿松石的绘制流程 8. 孔雀石的特征和绘制流程 ● 说出孔雀石的特征 ● 归纳孔雀石的绘制流程 9. 玛瑙的特征和绘制流程 ● 说出玛瑙的特征 ● 归纳玛瑙的绘制流程 10. 珊瑚的特征和绘制流程 ● 说出珊瑚的特征 ● 归纳珊瑚的绘制流程	
	4. 绘制具星光效应宝石 ● 能绘制具星光效应宝石的明暗素描图 ● 能绘制具星光效应宝石的色彩效果图	11. 宝石的星光效应的特点和宝石品种 ● 说出宝石的星光效应特点 ● 说出具星光效应宝石的品种 12. 具星光效应宝石的绘制流程 ● 归纳具星光效应宝石的绘制流程	

（续表）

学习任务	技能与学习要求	知识与学习要求	参考学时
3. 绘制常见弧面型宝石	5. 绘制具猫眼效应宝石 ● 能绘制具猫眼效应宝石的明暗素描图 ● 能绘制具猫眼效应宝石的色彩	13. 宝石的猫眼效应的特点和宝石品种 ● 说出宝石的猫眼效应特点 ● 说出具猫眼效应宝石的品种 14. 具猫眼效应宝石的绘制流程 ● 归纳具猫眼效应宝石的绘制流程	
	6. 绘制具变彩效应宝石 ● 能按照明暗特点绘制欧泊的明暗素描图 ● 能绘制具变彩效应宝石的色彩	15. 宝石的变彩效应的特点和宝石品种 ● 说出宝石的变彩效应特点 ● 说出具变彩效应宝石的品种 16. 具变彩效应宝石的绘制流程 ● 归纳具变彩效应宝石的绘制流程	
	7. 绘制具晕彩效应宝石 ● 能按绘制具晕彩效应宝石的明暗素描图 ● 能绘制具晕彩效应宝石的色彩	17. 宝石的晕彩效应的特点和宝石品种 ● 说出宝石的晕彩效应特点 ● 说出具晕彩效应宝石的品种 18. 具晕彩效应宝石的绘制流程 ● 归纳具晕彩效应宝石的绘制流程	
4. 绘制常见金属造型	1. 绘制平面金属造型 ● 能按照平面金属造型的结构特点绘制明暗素描图 ● 能绘制平面黄金造型 ● 能绘制平面白色金属造型 ● 能绘制平面玫瑰金造型	1. 常用金属的种类和标识 ● 说出常用金属的种类 ● 认识常用金属的标识 2. 金属的形态类型 ● 认识平面金属、凸面金属、凹面金属、金属球、金属环 3. 平面金属造型的结构 ● 说出平面金属造型的结构特征 4. 平面金属造型的绘制要点和绘制流程 ● 描述平面金属造型的绘制要点 ● 归纳平面金属造型的绘制流程	8
	2. 绘制凸面金属造型 ● 能绘制凸面金属造型的明暗素描图 ● 能绘制凸面黄金造型 ● 能绘制凸面白色金属造型 ● 能绘制凸面玫瑰金造型	5. 凸面金属造型的结构 ● 说出凸面金属造型的结构特征 6. 凸面金属造型的绘制要点和绘制流程 ● 描述凸面金属造型的绘制要点 ● 归纳凸面金属造型的绘制流程	

学习任务	技能与学习要求	知识与学习要求	参考学时
4. 绘制常见金属造型	3. 绘制凹面金属造型 ● 能绘制凹面金属造型的明暗素描图 ● 能绘制凹面黄金造型 ● 能绘制凹面白色金属造型 ● 能绘制凹面玫瑰金造型	7. 凹面金属造型的结构 ● 说出凹面金属造型的结构特征 8. 凹面金属造型的绘制要点和绘制流程 ● 描述凹面金属造型的绘制要点 ● 归纳凹面金属造型的绘制流程	
	4. 绘制金属球造型 ● 能绘制金属球造型的明暗素描图 ● 能绘制黄金金属球造型 ● 能绘制白色金属金属球造型 ● 能绘制玫瑰金金属球造型	9. 金属球造型的结构 ● 说出金属球造型的结构特征 10. 金属球造型的绘制要点和绘制流程 ● 描述金属球造型的绘制要点 ● 归纳金属球造型的绘制流程	
	5. 绘制金属环造型 ● 能绘制金属环造型的明暗素描图 ● 能绘制黄金金属环造型 ● 能绘制白色金属金属环造型 ● 能绘制玫瑰金金属环造型	11. 金属环造型的结构 ● 说出金属环造型的结构特征 12. 金属环造型的绘制要点和绘制流程 ● 描述金属环造型的绘制要点 ● 归纳金属环造型的绘制流程	
5. 绘制常见金属肌理	1. 绘制金属喷砂肌理 ● 能绘制金属喷砂肌理的明暗素描图 ● 能绘制黄金喷砂肌理 ● 能绘制白色金属喷砂肌理 ● 能绘制玫瑰金喷砂肌理	1. 常见金属肌理的类型 ● 列举喷砂、拉丝、车花等常见金属表面肌理 ● 列举常见金属喷砂肌理的工艺流程 2. 金属喷砂肌理的工艺特点和绘制要点 ● 说出金属喷砂肌理的工艺特点 ● 描述金属喷砂肌理的绘制要点 3. 金属喷砂肌理的绘制流程 ● 归纳金属喷砂肌理的绘制流程	8
	2. 绘制金属拉丝肌理 ● 能绘制金属拉丝肌理的明暗素描图 ● 能绘制黄金拉丝肌理 ● 能绘制白色金属拉丝肌理 ● 能绘制玫瑰金拉丝肌理	4. 金属拉丝肌理的工艺流程 ● 说出金属拉丝肌理的工艺流程 5. 金属拉丝肌理的工艺特点和绘制要点 ● 说出金属拉丝肌理的工艺特点 ● 描述金属拉丝肌理的绘制要点 6. 金属拉丝肌理的绘制流程 ● 归纳金属拉丝肌理的绘制流程	

（续表）

学习任务	技能与学习要求	知识与学习要求	参考学时
6. 绘制金属特殊工艺	1. 绘制珐琅工艺 ● 能绘制不同颜色的珐琅工艺	1. 珐琅的工艺流程和历史 ● 说出珐琅的工艺流程和历史 ● 记住珐琅的材质特点 2. 珐琅工艺的特点 ● 说出珐琅工艺的特点 ● 描述珐琅工艺的绘制要点 3. 珐琅工艺的绘制流程 ● 归纳珐琅工艺的绘制流程	8
	2. 绘制木纹金工艺 ● 能绘制木纹金工艺	4. 木纹金的工艺流程 ● 说出木纹金的工艺流程 5. 木纹金工艺的特点 ● 说出木纹金工艺的特点 ● 描述木纹金工艺的绘制要点 6. 木纹金工艺的绘制流程 ● 归纳木纹金工艺的绘制流程	
	3. 绘制金属编织工艺 ● 能绘制金属编织工艺	7. 金属编织的工艺流程 ● 说出金属编织的工艺流程 8. 金属编织工艺的特点 ● 说出金属编织工艺的特点 ● 描述金属编织工艺的绘制要点 9. 金属编织工艺的绘制流程 ● 归纳金属编织工艺的绘制流程	
7. 绘制首饰镶嵌结构与配件	1. 绘制常见首饰镶嵌结构 ● 能绘制爪镶结构 ● 能绘制包边镶结构 ● 能绘制闷镶结构 ● 能绘制轨道镶结构 ● 能绘制起钉镶结构 ● 能绘制无边镶结构 ● 能绘制针镶结构 ● 能绘制绕镶结构	1. 常见首饰镶嵌种类和结构特点 ● 说出常见首饰镶嵌种类（爪镶、包边镶、闷镶、轨道镶、起钉镶、无边镶等） ● 归纳每种镶嵌的结构特点	8
	2. 绘制常见首饰配件 ● 能绘制常见项链搭扣 ● 能绘制常见耳饰配件 ● 能绘制常见胸针配件 ● 能绘制常见首饰链条	2. 常见首饰配件的种类 ● 说出常见首饰配件的种类（链条、项链搭扣、耳饰配件、胸针配件） ● 归纳每种配件的结构特点	
总学时			72

五、 实施建议

（一）教材编写与选用建议

1. 应依据本课程标准编写教材或选用教材，从国家和市级教育行政部门发布的教材目录中选用教材，优先选用国家和市级规划教材。

2. 教材要充分体现育人功能，紧密结合教材内容、素材，有机融入课程思政要求，将课程思政内容与专业知识、技能有机统一。

3. 应树立以学生为中心的教材观，在设计教材结构和组织教材内容时遵循中职学生的认知特点与学习规律。

4. 教材编写应以首饰设计师所需的首饰手绘表现能力为逻辑线索，按照职业能力培养由易到难、由简单到复杂、由单一到综合的规律，搭建教材的结构框架，确定教材各部分的目标、内容，并进行相应的任务、活动设计等，从而建立起一个结构清晰、层次分明的教材内容体系。

5. 教材在整体设计和内容选取时，要注重引入首饰设计行业发展的新业态、新知识、新技术、新方法，对接相应的职业标准和岗位要求，吸收先进产业文化和优秀企业文化，创设或引入职业情境，增强教材的职场感。

6. 教材应深入浅出，增强对学生的吸引力，贴近学生生活、贴近职场，采用生动活泼的、学生乐于接受的语言、图表等形式来呈现内容，图文并茂，让学生在使用教材时有亲切感、真实感。教材编写应表达精练、准确、科学，注重首饰手绘表现的流程和技法，增强学生对首饰手绘表现基本知识和基本技能的掌握。

7. 教材应充分体现工作过程及任务引领、实践导向课程的编写思想。教材中活动设计的内容应具体，具有可操作性。

（二）教学实施建议

1. 切实推进课程思政在教学中的有效落实，寓价值观引导于知识传授和能力培养之中，帮助学生塑造正确的世界观、人生观、价值观。深入梳理教学内容，结合课程特点，充分挖掘课程思政元素，有机融入课程教学，达到润物无声的育人效果。

2. 充分体现职业教育"实践导向、任务引领、理实一体、做学合一"的课改理念，紧密联系珠宝首饰设计行业的实际应用，以企业典型任务为载体，加强理论教学与实践教学的结合，充分利用各种实训场所与设备，促进教学方式转变。

3. 坚持以学生为中心的教学理念，充分尊重学生。教师应成为学生学习的组织者、指导者和同伴，遵循学生的认知特点和学习规律，以"学"为中心设计和组织教学活动。

4. 改变传统的灌输式教学，充分调动学生学习的积极性、能动性，采取灵活多样的教学方式,积极探索自主学习、合作学习、探究式学习、问题导向式学习、体验式学习、混合式学习、案例分析法等体现教学新理念的教学方式。

5. 有效利用现代信息技术手段,改进教学方法与手段,提升教学效果。

(三) 教学评价建议

1. 以课程标准为依据,开展基于标准的教学评价。

2. 以评促教、以评促学,通过课堂教学及时评价,不断改进教学方法与手段。

3. 教学评价始终坚持德技并重的原则,构建德技融合的专业课教学评价体系,把德育和职业素养的评价内容与要求细化为具体的评价指标,有机融入专业知识与技能的评价指标体系,形成可观察、可测量的评价量表,综合评价学生学习情况。通过有效评价,在日常教学中不断促进学生良好思想品德和职业素养的形成。

4. 注重日常教学中对学生学习的评价,充分利用多种过程性评价工具,如评价表、记录袋等,积累过程性评价数据,形成过程性评价与终结性评价相结合的评价模式。

(四) 资源利用和开发建议

1. 建立首饰设计实训室,使之具备现场教学、实验实训、在线课堂等综合功能,实现教学合一、学做合一,满足培养学生综合职业能力的需求。

2. 开发本课程的综合性学习平台、首饰手绘微课、多媒体教学课件和实训指导手册等资源,满足学生课上探索、课下巩固的学习需求。

3. 充分发挥行业优势,利用行业资源,引导学生深入了解企业的用人需求,在真实的工作环境中锻炼自己,提升首饰设计师相关职业技能,养成制图精准、美观的工作习惯。

4. 注重工作案例的开发使用,让学生在模拟的工作案例中达成学习目标,为提高学生的实际工作能力提供有效途径。

首饰 3D 建模课程标准

▍课程名称

首饰 3D 建模

▍适用专业

中等职业学校首饰设计与制作专业

一、 课程性质

首饰 3D 建模是中等职业学校首饰设计与制作专业的一门专业核心课程,也是该专业的一门专业必修课程。其功能是使学生熟练掌握一种首饰 3D 建模软件的操作技巧和首饰建模的基本方法。本课程是基础绘画课程、构成设计课程和图案表现课程的后续课程,培养学生将二维设计呈现于三维空间内的建模能力。

二、 设计思路

本课程的总体设计思路是:遵循任务引领、理实一体的原则,根据首饰设计与制作专业的工作任务与职业能力分析结果,以首饰设计所需的首饰 3D 建模能力为依据而设置。

课程内容紧紧围绕首饰 3D 建模能力培养的需要,通过基础款首饰案例和拓展案例的学习,达到熟悉功能命令、融会贯通建模技巧的目标,遵循适度够用的原则,确定相关理论知识、专业技能与要求。

课程内容组织以首饰 3D 建模的典型任务为主线,结合案例由易至难,设有识别首饰 3D 打印工艺与产品、素金戒指建模、挂坠建模、镶口建模、综合建模 5 个学习任务。以任务为引领,通过任务整合相关知识、技能与职业素养。

本课程建议学时数为 72 学时。

三、 课程目标

通过本课程的学习,学生了解现代首饰生产工艺流程,具备首饰 3D 建模的基本理论知识,熟悉首饰 3D 建模软件的基本命令,掌握常见首饰款式建模技巧,具备建立基本符合生产要求模型的能力,达到进入首饰行业 3D 建模岗位的基本素质,具体达成以下职业素养和职业能力目标。

(一) 职业素养目标

- 逐渐养成遵纪守法、爱岗敬业、实事求是的职业道德。
- 严格遵守首饰计算机设计实训室设备的使用规定和设备操作规范,养成良好的职业习惯和严谨的工作态度。
- 在学习实践中不断提升艺术修养,逐渐养成科学健康、积极向上的审美情趣。
- 扎实技术功底,逐渐养成认真负责、严谨细致、专注耐心、精益求精的职业态度。
- 树立团队合作意识,积极参与团队学习与实践,主动协助同伴完成任务,培养良好的人际沟通能力。

(二) 职业能力目标

- 能识别首饰 3D 打印工艺与产品。
- 能分析图纸特点,确定首饰 3D 建模方案。
- 能具备一定空间造型能力,在首饰建模中将二维设计稿转化为三维立体造型。
- 能综合运用建模软件相关命令完成素金戒指建模。
- 能综合运用建模软件相关命令完成挂坠建模。
- 能综合运用建模软件相关命令完成镶口建模。
- 能综合运用建模软件相关命令完成综合建模。
- 能对首饰款式进行拓展设计。
- 能根据评价要素对建模作品进行全面评价。

四、 课程内容与要求

学习任务	技能与学习要求	知识与学习要求	参考学时
1. 识别首饰 3D 打印工艺与产品	1. 识别 3D 起版产品工艺 ● 能识别 3D 起版产品工艺	1. 3D 起版首饰工艺的特点 ● 说出 3D 起版工艺的特点 2. 3D 起版工艺流程 ● 简述 3D 起版工艺流程	4
	2. 选用首饰 3D 建模软件 ● 能根据要求选用主流首饰 3D 建模软件	3. 3D 建模软件的特点 ● 熟知主流首饰 3D 建模软件的特点	

(续表)

学习任务	技能与学习要求	知识与学习要求	参考学时
1. 识别首饰3D打印工艺与产品	3. 选用首饰3D打印版材 ● 能根据要求选用3D打印版的材质 ● 能判断3D打印成品的精度	4. 3D打印技术的操作原理和应用范围 ● 熟知3D打印技术的操作原理 ● 熟知3D打印技术的应用范围 5. 3D打印版材的特点 ● 说出3D打印蜡版的特点 ● 说出3D打印树脂版的特点 6. 3D打印注意事项 ● 概述3D打印中有效精度的概念 ● 记住打印前的注意事项	
2. 素金戒指建模	1. 功能界面使用 ● 能调出3D建模软件界面的不同功能界面 ● 能恰当使用菜单栏、工具栏、指令栏、工作视图功能 ● 能完成3D文件建档及存储	1. 3D建模软件界面 ● 记住菜单栏、工具栏、指令栏、工作视图等部分所在的位置 ● 简述菜单栏、工具栏、指令栏、工作视图功能 2. 文件存储方法 ● 记住文件建档、存储的操作方法 ● 记住储存格式的类型	16
	2. 建面及绘线操作 ● 能流畅切换软件不同视角、窗口、大小 ● 能使用画线工具绘制直线、曲线 ● 能利用线创建一个面 ● 能使用扫掠工具创建曲面或实体 ● 能使用布尔运算对实体进行联合、相交、相减	3. 视图窗口切换方法和技巧 ● 举例说明视图窗口切换技巧 ● 理解首饰建模软件是由点、线、面创建实体的建模思维 4. 建模软件中画线的作用 ● 记住画线工具的操作方法 5. 建面的操作方法 ● 记住建面的操作方法 ● 举例说明面的修复办法 6. 扫掠的操作方法 ● 简述单轨扫掠方法 ● 简述双轨扫掠方法 7. 布尔运算的作用及使用方法 ● 记住布尔运算的作用 ● 举例说明布尔运算中联机、差集、交集、分割命令的区别	

（续表）

学习任务	技能与学习要求	知识与学习要求	参考学时
2. 素金戒指建模	3. 图纸识别 ● 能看懂简单产品的三视图和立体效果图，分析产品的三维空间造型特点和结构特征 ● 能从图纸中读取产品的尺寸信息 ● 能根据设计要求，确定 3D 建模方案	8. 操作步骤确定方法 ● 简述软件操作步骤	
	4. 戒指 3D 模型创建 ● 能根据图纸尺寸，绘制大小戒圈 ● 能根据图纸要求绘制戒指截面 ● 能用线、面创建素戒实体 ● 能对戒指边缘进行圆角处理	9. 画圆操作方法 ● 记住画圆的方法 ● 简述绘制戒圈的注意事项 10. 创建面的方法与步骤 ● 记住正确创建面的方法 ● 列举至少一种创建面的方法 11. 单轨扫掠的作用及操作方法 ● 说出单轨扫掠的作用 ● 记住单轨扫掠的操作方法 12. 戒指边缘圆角处理的作用及数据 ● 说出戒指边缘圆角处理的作用 ● 记住不等距边缘圆角命令操作方法 ● 记住常规款戒指边缘圆角处理的半径数值	
	5. 简单首饰 3D 建模作品评价 ● 能使用量度工具对作品进行数据测量 ● 能使用测量工具对作品进行重量计算	13. 量度工具与测量工具的功能及使用方法 ● 简述量度工具与测量工具在行业生产中的作用 ● 简述量度工具与测量工具的功能 ● 列举量度工具与测量工具的操作方法	
3. 挂坠建模	1. 确定挂坠建模方案 ● 能分析图纸中的案例结构，确定建模方案	1. 素金挂坠建模方案 ● 简述挂坠的建模方法	16

61

学习任务	技能与学习要求	知识与学习要求	参考学时
3. 挂坠建模	2. 挂坠 3D 模型创建 ● 能运用相关命令创建实体 ● 能运用相关命令绘制封闭曲线 ● 能运用环形阵列命令进行环型复制 ● 能运用布尔运算差集命令得到镂空实体 ● 能运用布尔运算联集命令将两个或两个以上的实体合并为整体 ● 能运用相关命令将实体扭转 ● 能运用相关命令创建圆环实体	2. 创建实体的操作方法 ● 记住创建圆形实体的操作方法 ● 记住创建长方形实体的操作方法 3. 绘制封闭曲线的作用和操作方法 ● 说出绘制封闭曲线在首饰建模中的作用 ● 举例说明绘制封闭曲线的操作方法 4. 环形阵列的作用及操作方法 ● 说出环形阵列的作用 ● 记住环形阵列的操作方法 5. 布尔运算差集的作用及操作方法 ● 说出布尔运算差集的作用 ● 简述布尔运算差集的操作方法 6. 布尔运算联集的作用及操作方法 ● 说出布尔运算联集的作用 ● 简述布尔运算联集的操作方法 7. 弯曲命令的操作方法 ● 举例说明弯曲与扭转的区别 ● 简述扭转命令的操作方法 8. 圆环实体的操作方法 ● 列举说明圆环实体的适用场景 ● 简述空心圆管和圆环实体的操作方法	
4. 镶口建模	1. 常见刻面型宝石 3D 模型创建 ● 能根据图纸设置宝石大小 ● 能创建圆形、椭圆形、马眼形、水滴形等常规刻面型宝石 ● 能根据图纸要求选择相应镶口 3D 模型 2. 爪镶戒指 3D 模型创建 ● 能熟练使用二轴缩放、双轨扫掠、布尔运算命令 ● 根据图纸尺寸创建直筒效果圆爪镶镶口 ● 能根据图纸尺寸创建收底效果圆爪镶镶口 ● 能根据图纸尺寸创建基础款爪镶戒指 3D 模型	1. 宝石设置的方法 ● 记住设置宝石大小的方法 ● 说出至少一种宝石导入的方法 2. 镶口的区别 ● 描述爪镶、包边镶等常见镶口结构 ● 简述爪镶和包边镶的适用场景 3. 圆环创建的方法 ● 简述圆环的创建方法 ● 记住二轴缩放命令的操作方法 4. 双轨扫掠的作用及操作方法 ● 说出双轨扫掠的作用 ● 记住双轨扫掠的操作方法 5. 布尔运算联集的作用及操作方法 ● 说出布尔运算联集的作用 ● 简述布尔运算差集和联集的区别	16

（续表）

学习任务	技能与学习要求	知识与学习要求	参考学时
4. 镶口建模		6. 圆柱体爪的创建技巧 ● 简述圆柱体爪的创建技巧 ● 举例说明两爪镶、六爪镶的操作方法 7. 咬石的概念和数值 ● 概述镶口咬石概念 ● 记住爪镶中爪的咬石距离 8. 基础款爪镶戒指建模方案 ● 简述基础款爪镶戒指的建模方法 ● 说出基础款爪镶戒指的建模注意事项	
	3. 包边镶挂坠 3D 模型创建 ● 能熟练运用多重直线、修剪、旋转、曲面命令 ● 能根据图纸尺寸创建包边镶镶口 ● 能根据图纸尺寸创建基础款包边镶挂坠 3D 模型	9. 多重直线命令的作用及操作方法 ● 说出多重直线命令的作用 ● 记住多重直线命令的操作方法 10. 修剪命令的作用及操作方法 ● 说出修剪命令的作用 ● 记住修剪命令的操作方法 11. 旋转成型命令的作用及操作方法 ● 列举旋转成型命令的适用场景 ● 记住旋转成型命令的操作方法 12. 抽离曲面命令的作用及操作方法 ● 简述抽离曲面命令的适用场景 ● 记住抽离曲面命令的使用方法 13. 重建曲线命令的作用及操作方法 ● 简述重建曲线命令、抽离命令的作用 ● 说出弧线高度设置对重建曲线命令的重要性 14. 基础款包边镶挂坠建模方案 ● 简述基础款包边镶挂坠的建模方法 ● 说出基础款包边镶挂坠的建模注意事项	
5. 综合建模	1. 确定基础款首饰建模方案 ● 能根据图纸中案例的结构，确定基础款首饰建模方案	1. 基础款首饰 3D 建模要求 ● 举例说明基础款首饰 3D 建模要求 2. 基础款首饰建模方案和注意事项 ● 举例说明基础款首饰建模方案 ● 列举建模过程中的注意事项	20

（续表）

学习任务	技能与学习要求	知识与学习要求	参考学时
5. 综合建模	2. 图纸导入 ● 能根据需求导入图纸 ● 能根据需求控制视图	3. 图纸导入的操作步骤和数据设置 ● 记住图纸导入的操作步骤 ● 记住图纸导入时的数据设置	
	3. 综合运用建模工具创建实体 ● 能综合使用相关工具绘制所需图形 ● 能综合运用各种工具、命令创建案例实体 ● 能在综合创作中，对模型数值进行修正 ● 能在综合创作中，主动思考探索，具有一定的分析能力	4. 建模数据要求 ● 说出建模数据基础要求 5. 图形绘制方法和修改方法 ● 记住图形绘制方法 ● 举例说明修改曲线的方法 6. 模型数值修正流程和方法 ● 简述修正错误数据的流程 ● 归纳修正方法	
	4. 建模作品全面评价 ● 能根据尺寸、质量、结构合理性等评价要素对建模作品进行评价	7. 首饰建模评价要素 ● 说出建模作品放量的概念 ● 描述建模作品结构合理性评价要素	
	5. 效果图渲染输出 ● 能根据设计要求正确设置文档的各个参数 ● 能运用三维软件完成渲染输出 ● 能根据客户要求正确导出不同格式文件	8. 渲染文件的方法 ● 归纳渲染方法 ● 记住渲染的参数设置方法 9. 文件的输出 ● 简述渲染输出的不同文件格式	
总学时			72

五、 实施建议

（一）教材编写与选用建议

1. 应依据本课程标准编写教材或选用教材，从国家和市级教育行政部门发布的教材目录中选用教材，优先选用国家和市级规划教材。

2. 教材要充分体现育人功能，紧密结合教材内容、素材，有机融入课程思政要求，将课程思政内容与专业知识、技能有机统一。

3. 应树立以学生为中心的教材观，在设计教材结构和组织教材内容时遵循中职学生的认知特点与学习规律。

4. 教材编写应以首饰设计师所需的首饰 3D 建模能力为逻辑线索,按照职业能力培养由易到难、由简单到复杂、由单一到综合的规律,搭建教材结构框架,确定教材各部分的目标与内容,并进行相应的任务、活动设计等,从而建立起一个结构清晰、层次分明的教材内容体系。

5. 教材在整体设计和内容选取时,要注重引入首饰设计行业发展的新业态、新知识、新技术、新方法,贴近工作实际,体现先进性和实用性,创设或引入职业情境,增强教材的职场感。

6. 教材应以学生为本,增强对学生的吸引力,贴近学生生活、贴近职场,采用生动活泼的、学生乐于接受的语言、图表、视频、动画等形式来呈现内容,让学生在使用教材时有亲切感、真实感。

（二）教学实施建议

1. 切实推进课程思政在教学中的有效落实,寓价值观引导于知识传授和能力培养之中,帮助学生塑造正确的世界观、人生观、价值观。深入梳理教学内容,结合课程特点,充分挖掘课程内容中的思政元素,把思政教学与专业知识、技能教学融为一体,达到润物无声的育人效果。

2. 充分体现职业教育"实践导向、任务引领、理实一体、做学合一"的课改理念,紧密联系珠宝首饰设计行业的实际应用,以首饰 3D 建模案例训练为载体,加强理论教学与实践教学的结合,充分利用各种实训场所与设备,促进教学方式转变。

3. 坚持以学生为中心的教学理念,充分尊重学生。教师应成为学生学习的组织者、指导者和同伴,遵循学生的认知特点和学习规律,以"学"为中心设计和组织教学活动。

4. 改变传统的灌输式教学,充分调动学生学习的积极性、能动性,采取灵活多样的教学方式,积极探索自主学习、合作学习、探究式学习、问题导向式学习、体验式学习、混合式学习等体现教学新理念的教学方式。

5. 有效利用现代信息技术手段,结合教学内容,使用首饰 3D 建模图片、视频等媒介,改进教学方法与手段,提升教学效果。

6. 注重培养学生良好的学习习惯,把法治意识、规范意识、安全意识、质量意识和工匠精神、创新思维融入教学活动,促进学生综合职业素养的养成。

（三）教学评价建议

1. 以课程标准为依据,开展基于标准的教学评价。

2. 以评促教、以评促学,通过课堂教学及时评价,不断改进教学手段。

3. 教学评价始终坚持德技并重的原则,构建德技融合的专业课教学评价体系,把德育和职业素养的评价内容与要求细化为具体的评价指标,有机融入专业知识与技能的评价指标体系,形成可观察、可测量的评价量表,综合评价学生学习情况。通过有效评价,在日常教学中不断促进学生良好思想品德和职业素养的形成。

4. 注重日常教学中对学生学习的评价,充分利用多种过程性评价工具,如评价表、记录袋等,积累过程性评价数据,形成过程性评价与终结性评价相结合的评价模式。

5. 在日常教学中开展对学生学习的评价时,充分利用信息化手段,使用各类较成熟的教育评价平台,探索教育数字化转型背景下的评价模式。

(四)资源利用建议

1. 开发适合教学使用的多媒体教学资源库和多媒体教学课件。幻灯片、投影、操作录屏、微课等资源有利于创设形象生动的学习情境,激发学生的学习兴趣,促进学生对专业知识的理解和掌握。加强常用首饰 3D 建模课程资源的开发,建立线上、线下课程资源的数据库,努力实现学校间的课程资源共享。

2. 积极开发和利用网络课程资源,引导学生善用丰富的在线资源,自主学习与电脑首饰起版师岗位所需能力相关的指导视频;充分利用电子期刊、数字图书馆、教育网站和网络论坛等资源,使教学媒体从单一媒体向多媒体转变,教学活动从信息的单向传递向双向交换转变,学习方式从单独学习向合作学习转变。

3. 产学合作开发专业课程实训资源,充分利用珠宝首饰行业典型资源,加强与珠宝首饰生产企业的合作,建立实习实训基地,满足学生的实习实训需求。

4. 建立首饰计算机设计实训室,鼓励学生利用课余时间到实训室进行首饰 3D 建模创作,将教学与培训合一、实训与创作合一,满足学生首饰设计与制作相关职业能力培养的要求。

首饰创意设计课程标准

▌课程名称

首饰创意设计

▌适用专业

中等职业学校首饰设计与制作专业

一、 课程性质

首饰创意设计是中等职业学校首饰设计与制作专业的一门专业核心课程,也是该专业的一门专业必修课程。其功能是使学生掌握首饰创意设计的基本知识和基本应用技能。它是首饰手绘表现课程、首饰 3D 建模课程等的后续课程,也是学生学习其他专业课程的基础。

二、 设计思路

本课程的总体设计思路是:遵循任务引领、做学一体的原则,根据首饰设计与制作专业的工作任务与职业能力分析结果,以首饰设计所需的创意设计能力为依据而设置。

课程内容紧紧围绕首饰创意设计能力培养的需要,选取了设计选题、素材收集、草图绘制、成稿绘制、设计说明撰写等内容,遵循适度够用的原则,确定相关理论知识、专业技能与要求,并融入"1 + X"珠宝首饰设计职业技能等级证书(初级)的相关考核要求。

课程内容组织以首饰创意设计所包含的典型工作任务为主线,从易到难,设有中国传统元素首饰创意设计、自然风格首饰创意设计、叙事性首饰创意设计、时尚性首饰创意设计 4 个学习任务。以任务为引领,通过任务整合相关知识、技能与职业素养。

本课程建议学时数为 72 学时。

三、 课程目标

通过本课程的学习,学生能具备首饰创意设计的基础知识,掌握首饰创意设计的基本技能,能整理归纳选题、根据不同主题收集素材、绘制草图、绘制成稿、撰写设计说明,达到"1 + X"珠宝首饰设计职业技能等级证书(初级)的相关考核要求,具体达成以下职业素养和职业能力目标。

（一）职业素养目标

- 遵纪守法、爱岗敬业、诚实守信，自觉遵守与珠宝首饰行业相关的职业道德和法律法规、行业规定。

- 热爱首饰设计与制作，逐渐养成科学健康、积极向上的审美情趣，在学习实践中不断提升艺术修养，具备一定的三维空间意识和造型能力。

- 逐渐养成认真负责、严谨细致、专注耐心、精益求精的职业态度，传承和弘扬中华优秀传统文化，在创作中勇于创新。

- 在首饰设计过程中，严格遵守实训室使用要求，养成良好的职业习惯和严谨的工作态度。

- 树立团队协作意识，具备良好的人际沟通能力。

（二）职业能力目标

- 能根据选题要求收集相关珠宝市场信息。

- 能分析、提炼获得的信息，确定主题，明确设计方向。

- 能根据主题要求完成元素收集、分析与归纳。

- 能运用图案转化方法对素材进行夸张、变形、概括、提炼。

- 能运用构成方法对素材进行拆分与解构。

- 能根据主题要求与工艺合理性对素材进行设计转化。

- 能综合运用设计技法完成成稿绘制。

- 能准确批注设计图尺寸、制作工艺和材质。

- 能根据作品特点撰写设计说明，准确描述设计理念、相关工艺、材质。

四、 课程内容与要求

学习任务	技能与学习要求	知识与学习要求	参考学时
1. 中国传统元素首饰创意设计	1. 确定选题 ● 能在整理归纳设计思路后，确定中国传统元素首饰设计选题	1. 中国传统元素首饰设计的定义与范畴 ● 简述中国传统元素首饰设计的定义 ● 举例说明具备中国传统元素首饰设计特性的图案类型、配色方案 2. 常见的设计思路归纳整理方法 ● 简述常见的设计思路归纳整理方法	12
	2. 中国传统元素素材收集 ● 能根据选题收集素材 ● 能对相关素材进行分类、归纳与提炼	3. 中国传统元素首饰设计素材收集方法 ● 简述中国传统元素首饰设计的素材收集方法	

（续表）

学习任务	技能与学习要求	知识与学习要求	参考学时
1. 中国传统元素首饰创意设计	3. 绘制首饰草图 ● 能运用首饰设计的构思方式初步绘制草图	4. 首饰设计的构思过程和方法 ● 简述首饰设计的构思过程 ● 简述首饰设计的构思方法	
	4. 绘制首饰三视图 ● 能根据设计草图绘制首饰三视图 ● 能按照设计图纸批注要求完成首饰设计中尺寸、工艺和材质的标注工作	5. 首饰三视图的特点和表现方法 ● 说出首饰设计三视图的特点 ● 简述首饰设计中俯视图、正视图、侧视图的表现方法 6. 设计图纸批注的绘制方法 ● 简述设计图纸批注的绘制方式	
	5. 撰写首饰设计说明 ● 能初步撰写首饰设计说明	7. 首饰设计说明基本要素与书写格式 ● 简述设计说明中应包含的基本要素 ● 归纳首饰设计说明的书写格式	
2. 自然风格首饰创意设计	1. 确定选题 ● 能根据设计要求,确定自然风格首饰设计选题	1. 自然风格首饰设计的定义与范围 ● 说出自然风格首饰设计的定义与范围 ● 举例说明自然风格首饰设计款式的特点 2. 自然风格首饰设计的选题方法 ● 举例说明自然风格首饰设计的选题方法	20
	2. 自然风格素材收集 ● 能根据选题收集素材 ● 能对素材进行分类、归纳与分析 ● 能明确本次任务中选用的设计元素	3. 自然风格首饰设计的素材类型与特点 ● 举例自然风格首饰设计的素材类型 ● 说出自然风格首饰设计的素材特点	
	3. 完善设计内容 ● 能运用前期学习中的设计构成方法对素材进行拆分、重组与排列 ● 能从多种维度概括提炼同一元素 ● 能在设计过程中突出设计重点,兼顾专题作品的视觉稳定性 ● 能合理完成专题作品色彩搭配 ● 能在设计过程中兼顾工艺制作的合理性	4. 设计构成方法 ● 简述设计构成中重复与特异、对比与近似、发散与密集、矛盾空间等主题构成法则和美学特征 5. 特定主题色彩搭配设计原则和方法 ● 简述特定主题的色彩搭配设计配色法则 ● 阐述特定主题色彩搭配的选色方法	

学习任务	技能与学习要求	知识与学习要求	参考学时
2. 自然风格首饰创意设计	4. 绘制首饰设计图成稿 ● 能根据设计要求，完成自然风格首饰设计图成稿绘制	6. 首饰材质和结构的线稿表现方式 ● 简述首饰主石、辅石、金属等材质和结构的线稿表现方式 7. 首饰设计中整体造型的线稿表现技法 ● 简述首饰设计中整体造型的线稿表现技法 8. 自然风格首饰设计图表现技法 ● 能根据设计特点，举例说明自然风格首饰设计图表现技法	
	5. 撰写首饰设计说明 ● 能根据设计特点，撰写自然风格首饰设计说明	9. 自然风格首饰设计说明的特点 ● 简述自然风格首饰设计说明的特点 10. 自然风格首饰设计说明的撰写流程 ● 简述自然风格首饰设计说明的撰写流程	
3. 叙事性首饰创意设计	1. 确定选题 ● 能根据设计要求，确定叙事性首饰设计选题	1. 叙事性首饰设计的特点和呈现样式 ● 简述叙事性首饰设计的特点 ● 举例说明叙事性首饰设计的呈现样式 2. 叙事性首饰设计的发展历史和演变历史 ● 简述叙事性首饰设计的发展历史 ● 简述叙事性首饰设计的演变历史 3. 叙事性首饰设计的艺术特点与呈现样式 ● 举例说明叙事性首饰设计的艺术特点 ● 举例说明叙事性首饰设计的呈现样式	20
	2. 素材收集与实验 ● 能根据选题收集素材 ● 能对素材进行材料实验 ● 能明确本次任务中选用的设计元素	4. 首饰材料实验范围 ● 简述首饰材料实验范围 ● 简述成型材料实验范围 5. 首饰材料的实验案例与创作方法 ● 调研首饰材料的实验案例 ● 阐述首饰材料的加工与创作方法	

（续表）

学习任务	技能与学习要求	知识与学习要求	参考学时
3. 叙事性首饰创意设计	3. 完善首饰设计内容 ● 能运用实验材料开展叙事性首饰设计 ● 能选用写实性、象征性或意境性艺术表现手法体现叙事性首饰设计的空间感、场景感与故事性 ● 能合理进行叙事性首饰设计色彩搭配 ● 能在设计过程中兼顾工艺制作的合理性	6. 写实性艺术表现方法的概念 ● 简述写实性艺术表现手法的概念 ● 举例说明写实性艺术首饰设计作品 7. 象征性艺术表现手法的概念 ● 简述象征性艺术表现手法的概念 ● 举例说明体现象征性艺术创作手法的首饰设计作品 8. 意境性艺术表现手法的概念 ● 简述意境性艺术表现手法的概念 ● 举例说明体现意境性艺术创作手法的首饰设计作品	
	4. 叙事性首饰设计图成稿绘制 ● 能完成叙事性首饰设计图草图绘制 ● 能完成叙事性首饰设计图成稿绘制 ● 能完成叙事性首饰设计图三视图绘制 ● 能用图形图像处理技术完成叙事性首饰效果图绘制	9. 叙事性首饰设计图成稿绘制方法 ● 举例说明叙事性首饰设计图草图绘制的方法 ● 举例说明叙事性首饰设计图成稿绘制的方法 ● 举例说明叙事性首饰设计图三视图绘制的方法 10. 图形图像处理技术在设计效果图呈现方面的应用过程 ● 举例说明图形图像处理技术在设计效果图呈现方面的应用过程	
	5. 叙事性首饰设计说明撰写 ● 能根据设计特点，撰写叙事性首饰设计说明	11. 叙事性首饰设计说明的特点 ● 简述叙事性首饰设计说明的特点 12. 叙事性首饰设计说明的撰写流程 ● 举例说明叙事性首饰设计说明的撰写流程	
4. 时尚性首饰创意设计	1. 确定选题 ● 能根据设计要求，完成相关主题的前期市场调研 ● 能根据调研要求，设计与实施调查问卷 ● 能总结并分析该类首饰设计的艺术特征 ● 能根据设计要求，收集相关市场信息 ● 能整理、归纳、确定首饰设计方向	1. 时尚性首饰设计的内涵 ● 简述时尚性首饰设计的内涵 2. 市场调研步骤 ● 说明市场调研具体流程	20

学习任务	技能与学习要求	知识与学习要求	参考学时
4. 时尚性首饰创意设计	2. 素材收集与归纳 ● 能根据选题收集素材 ● 能从时尚首饰的象征性、图标性、流行性意义等方面归纳分析素材 ● 能明确本次任务中选用的设计元素	3. 时尚性首饰设计的象征性表现特点 ● 举例说明时尚性首饰设计的象征表现特点 4. 时尚性首饰设计的图标性表现特点 ● 举例说明时尚性首饰设计的图标性表现特点 5. 时尚性首饰设计的流行性表现特点 ● 举例说明时尚性首饰设计的流行性表现特点	
	3. 完善设计内容 ● 能运用确定的设计元素开展时尚性首饰设计创作，注意元素的概括与提炼 ● 能运用形式美法则完成设计处理 ● 能分析时尚性饰品常用配色，并根据设计需要搭配相应的色调 ● 在设计过程中能兼顾工艺制作的合理性	6. 形式美法则在时尚性首饰设计中的运用 ● 举例说明形式美法则在时尚性首饰设计中的应用 ● 举例说明形式美法则如何在设计中体现元素间的秩序性、体块感 7. 色调的搭配关系 ● 解释色彩的搭配关系	
	4. 时尚性首饰设计图成稿绘制 ● 能完成时尚性首饰设计图草图绘制 ● 能完成时尚性首饰设计成稿绘制 ● 能完成时尚性首饰设计三视图绘制 ● 能在效果图中表现常用首饰材质	8. 时尚性首饰设计图成稿绘制方法 ● 举例说明时尚性首饰设计图草图绘制的方法 ● 举例说明时尚性首饰设计三视图绘制的方法 9. 首饰材质表现 ● 归纳在效果图中首饰材质的表现技巧	
	5. 时尚性首饰设计说明撰写 ● 能根据时尚性首饰设计特点撰写设计说明	10. 时尚性首饰设计说明的特点 ● 简述时尚性首饰设计说明的特点 11. 设计说明的撰写流程 ● 举例说明时尚性首饰设计说明的撰写流程	
总学时			72

五、 实施建议

（一）教材编写与选用建议

1. 应依据本课程标准编写教材或选用教材，从国家和市级教育行政部门发布的教材目录中选用教材，优先选用国家和市级规划教材。

2. 教材要充分体现育人功能，紧密结合教材内容、素材，有机融入课程思政要求，将课程思政内容与专业知识、技能有机统一。

3. 应树立以学生为中心的教材观，在设计教材结构和组织教材内容时遵循中职学生的认知特点与学习规律。

4. 教材编写应以首饰设计师所需的创意设计能力为逻辑线索，按照职业能力培养由易到难、由简单到复杂、由单一到综合的规律，搭建教材的结构框架，确定教材各部分的目标、内容，并进行相应的任务、活动设计等，从而建立起一个结构清晰、层次分明的教材内容体系。

5. 教材在整体设计和内容选取时，要注重引入首饰设计行业发展的新业态、新知识、新技术、新方法，贴近工作实际，体现先进性和实用性，创设或引入职业情境，增强教材的职场感。

6. 教材应以学生为本，增强对学生的吸引力，贴近学生生活、贴近职场，采用生动活泼的、学生乐于接受的语言、图表、视频、动画等形式来呈现内容，让学生在使用教材时有亲切感、真实感。

（二）教学实施建议

1. 切实推进课程思政在教学中的有效落实，寓价值观引导于知识传授和能力培养之中，帮助学生塑造正确的世界观、人生观、价值观。深入梳理教学内容，结合课程特点，充分挖掘课程内容中的思政元素，把思政教学与专业知识、技能教学融为一体，达到润物无声的育人效果。

2. 充分体现职业教育"实践导向、任务引领、理实一体、做学合一"的课改理念，紧密联系珠宝首饰行业工作实际应用，以首饰创意设计典型任务为载体，加强理论教学与实践教学的结合，充分利用各种实训场所与设备，促进教学方式转变。

3. 坚持以学生中心的教学理念，充分尊重学生。教师应努力成为学生学习的组织者、指导者和同伴，遵循学生的认知特点和学习规律，以"学"为中心设计和组织教学活动。

4. 改变传统的灌输式教学，充分调动学生学习的积极性、能动性，采取灵活多样的教学方式，积极探索自主学习、合作学习、探究式学习、问题导向式学习、体验式学习、混合式学习等体现教学新理念的教学方式。

5. 有效利用现代信息技术手段,结合教学内容,使用首饰雕蜡图片、视频等媒介,改进教学方法与手段,提升教学效果。

6. 注重培养学生良好的学习习惯,把法治意识、规范意识、安全意识、质量意识和工匠精神、创新思维融入教学活动,促进学生综合职业素养的养成。

(三)教学评价建议

1. 以课程标准为依据,开展基于标准的教学评价。

2. 以评促教、以评促学,通过课堂教学及时评价,不断改进教学手段。

3. 教学评价始终坚持德技并重的原则,构建德技融合的专业课教学评价体系,把德育和职业素养的评价内容与要求细化为具体的评价指标,有机融入专业知识与技能的评价指标体系,形成可观察、可测量的评价量表,综合评价学生学习情况。通过有效评价,在日常教学中不断促进学生良好思想品德和职业素养的形成。

4. 注重日常教学中对学生学习的评价,充分利用多种过程性评价工具,如评价表、记录袋等,积累过程性评价数据,形成过程性评价与终结性评价相结合的评价模式。

5. 在日常教学中开展对学生学习的评价时,充分利用信息化手段,使用各类较成熟的教育评价平台,探索教育数字化转型背景下的评价模式。

(四)资源利用建议

1. 开发适合教学使用的多媒体教学资源库和多媒体教学课件。幻灯片、投影、操作录屏、微课等资源有利于创设形象生动的学习情境,激发学生的学习兴趣,促进学生对专业知识的理解和掌握。建议加强常用首饰创意设计课程资源的开发,建立线上、线下课程资源的数据库,努力实现学校间的课程资源共享。

2. 积极开发和利用网络课程资源,引导学生善用丰富的在线资源,自主学习与首饰设计师创意设计能力相关的指导视频;充分利用电子期刊、数字图书馆、教育网站和网络论坛等资源,使教学媒体从单一媒体向多媒体转变,教学活动从信息的单向传递向双向交换转变,学习方式从单独学习向合作学习转变。

3. 产学合作开发专业课程实训资源,充分利用珠宝首饰行业典型资源,加强与珠宝首饰生产企业的合作,建立实习实训基地,满足学生的实习实训需求。

4. 建立首饰设计实训室,鼓励学生利用课余时间到实训室进行首饰设计创作,将教学与培训合一、实训与创作合一,满足学生首饰设计与制作相关职业能力培养的要求。

首饰金工基础制作课程标准

| 课程名称

首饰金工基础制作

| 适用专业

中等职业学校首饰设计与制作专业

一、 课程性质

首饰金工基础制作是中等职业学校首饰设计与制作专业的一门专业核心课程,也是该专业的一门专业必修课程。其功能是使学生掌握首饰金工制作的基本知识和首饰制作的基本应用技能。本课程是首饰制作与镶嵌课程的前期课程,为学生进行首饰艺术创作打下工艺基础。

二、 设计思路

本课程的总体设计思路是:遵循任务引领、理实一体的原则,根据首饰设计与制作专业的工作任务与职业能力分析结果,以贵金属首饰手工制作工所需的金工基础制作能力为依据而设置。

课程内容紧紧围绕贵金属首饰手工制作工能力培养的需要,选取了贵金属材料和饰品的基础知识、首饰金工制作工具的选用、图纸分析和材料制备、首饰金工基础技法、首饰制作的工艺流程、贵金属首饰产品质量检验等内容,遵循适度够用的原则,确定相关理论知识、专业技能与要求,并融入"1＋X"贵金属首饰制作与检验职业技能等级证书(初级)的相关考核要求。

课程内容组织以首饰金工基础制作的典型任务为线索,从易到难,设有辨识贵金属首饰的材质与工艺、识别与选用首饰金工制作工具、制作天元戒、制作字母链、制作立体五角星、制作基础款链条、制作基础款耳饰、制作基础款挂坠、制作基础款胸针 9 个任务。以任务为引领,通过任务整合相关知识、技能与职业素养。

本课程建议学时数为 144 学时。

三、 课程目标

通过本课程的学习,学生能具备首饰金工制作的基本理论知识,掌握首饰金工制作的基本技能,遵守首饰金工制作的操作安全规范、选用首饰金工制作工具,运用锤打、锯切、锉削、退火、焊接、酸洗、打磨、抛光、清洗等技法,制作首饰金工典型产品,达到"1+X"贵金属首饰制作与检验职业技能等级证书(初级)的相关考核要求,具体达成以下职业素养和职业能力目标。

(一) 职业素养目标

- 遵纪守法、爱岗敬业、诚实守信,自觉遵守与珠宝首饰行业相关的职业道德和法律法规、行业规定。

- 热爱首饰设计与制作,逐渐养成科学健康、积极向上的审美情趣,在学习实践中不断提升艺术修养,具备一定的三维空间意识和造型能力。

- 逐渐养成认真负责、严谨细致、专注耐心、精益求精的职业态度,传承和弘扬中华优秀传统文化,在创作中勇于创新。

- 能在首饰金工基础制作中做好安全防护,遵守操作规范,爱惜工具、节约材料,注意环境保护。

- 树立团队协作意识,具备良好的人际沟通能力。

(二) 职业能力目标

- 能识别贵金属饰品的名称、材质和工艺。

- 能正确识读常规产品草图、三视图及效果图,确定首饰的制作方案。

- 能根据设计图要求,合理选用材料,完成材料准备工作。

- 能根据制作要求,合理选用设备、工具,完成工具准备工作。

- 能根据制作要求,综合运用锤打、锯切、锉削、焊接、酸洗、打磨、抛光、清洗等首饰金工制作的基础技法制作首饰。

- 能制作基础款戒指,如天元戒。

- 能制作平面图案类产品,如字母链。

- 能制作简单立体造型产品,如立体五角星。

- 能制作基础款链条。

- 能制作基础款耳饰。

- 能制作基础款挂坠。

- 能制作基础款胸针。

- 能规范清扫、分类回收、标记贵金属粉末。

- 能对贵金属饰品实施质量检验。

四、 课程内容与要求

学习任务	技能与学习要求	知识与学习要求	参考学时
1. 辨识贵金属首饰的材质与工艺	1. 识别贵金属首饰的材质 ● 能观察标识，识别贵金属首饰的材质和含量	1. 贵金属饰品的概念和分类 ● 概述贵金属饰品的概念 ● 简述贵金属饰品的分类 2. 贵金属首饰的概念和分类 ● 概述贵金属首饰的概念 ● 简述贵金属首饰的分类	12
		3. 贵金属材料的品种和基本性质 ● 简述贵金属材料的品种 ● 简述贵金属材料的基本性质 4. 首饰贵金属纯度的概念和规定 ● 概述首饰贵金属纯度的概念 ● 简述首饰配件纯度的规定 5. 首饰中有害元素含量规定 ● 简述首饰中有害元素含量规定 6. 贵金属饰品的标识 ● 简述贵金属饰品的印记内容 ● 简述贵金属饰品的其他标识内容	
	2. 识别首饰工艺 ● 能识别常见的首饰工艺	7. 首饰工艺的发展史 ● 简述中国首饰工艺发展史 ● 简述外国首饰工艺发展史 8. 首饰常见工艺类型 ● 简述首饰的常见工艺类型	
2. 识别与选用首饰金工制作工具	1. 遵守首饰制作安全操作规范 ● 能在操作前严格做好个人安全防护 ● 能严格遵守首饰制作车间安全操作规范 ● 能遵守首饰制作环境保护要求	1. 首饰制作安全操作规范 ● 描述首饰制作个人安全防护要求 ● 描述首饰制作车间安全操作规范 2. 首饰制作车间环境保护要求 ● 描述首饰制作车间环境保护要求	4
	2. 使用首饰工作台 ● 能认识首饰工作台的各结构和配套部件 ● 能根据身高调整座椅高度，在首饰工作台就座，确保稳定、方便操作	3. 首饰工作台的结构和要求 ● 描述首饰工作台的结构和配套部件 ● 举例说出首饰工作台各结构和部件的功能	

学习任务	技能与学习要求	知识与学习要求	参考学时
2. 识别与选用首饰金工制作工具	3. 识别和选用常用首饰制作用钳和剪 ● 能识别常用首饰制作用钳和剪 ● 能根据需要选用首饰制作用钳和剪	4. 钳子的类型和用途 ● 说出常用首饰制作用钳的类型 ● 举例说出常用首饰制作用钳的用途 5. 剪子的类型和用途 ● 举例说出常用首饰制作用剪的类型 ● 举例说出常用首饰制作用剪的用途	
	4. 识别和选用锯切工具 ● 能识别首饰锯切工具 ● 能选用首饰锯切锯条	6. 首饰锯弓的用途和结构 ● 简述锯弓的用途 ● 描述锯弓的结构 7. 首饰锯条的规格和选用 ● 描述首饰用锯条的规格 ● 说出首饰用锯条的选用要求	
	5. 识别和选用锤打塑型工具 ● 能识别各类锤子 ● 能根据需要选用锤子 ● 能识别各类锤打塑型时常用砧铁 ● 能根据需要选择锤打塑型时常用砧铁	8. 常用锤子的类型和用途 ● 说出常用锤子的类型 ● 举例说明常用锤子的用途 9. 常用砧铁的类型和用途 ● 说出锤打塑型时常用砧铁的类型 ● 举例说明各类锤打塑型时常用砧铁的用途	
	6. 识别和选用锉刀 ● 能识别常用锉刀类型 ● 能识别常用锉刀齿号 ● 能根据需要选用锉刀	10. 常用锉刀的类型和用途 ● 说出常用锉刀的类型 ● 举例说明常用锉刀的用途 11. 锉刀的齿号 ● 说出常用锉刀的齿号 ● 描述不同齿号锉刀的使用场景	
	7. 识别和选用度量工具 ● 能识别长度测量工具 ● 能选用长度测量工具 ● 能识别质量称量工具 ● 能选用质量称量工具	12. 常用法定计量单位及换算 ● 简述常用长度计量单位的名称和符号 ● 简述常用质量计量单位的名称和符号 13. 首饰长度测量工具的类型和特点 ● 说出常用首饰长度测量工具的类型 ● 举例说明不同长度测量工具的特点 14. 首饰质量称量工具的类型和特点 ● 说出首饰质量称量工具的类型 ● 举例说明不同质量测量工具的特点	

(续表)

学习任务	技能与学习要求	知识与学习要求	参考学时
2. 识别与选用首饰金工制作工具	8. 识别和选用划线工具 ● 能识别划线工具 ● 能根据需要选用划线工具	15. 划线工具的类型和用途 ● 说出划线工具的类型 ● 举例说明划线工具的用途	
	9. 识别吊机和配套用针 ● 能识别吊机各配件 ● 能正确安装吊机配件 ● 能识别吊机配套用针 ● 能正确安装吊机用针	16. 吊机的结构和使用方法 ● 说出吊机的结构 ● 说出吊机的使用方法 17. 吊机配套用针的类型和用途 ● 说出吊机配套用针的类型 ● 举例说明不同吊机配套用针的用途	
	10. 识别和选择焊接工具 ● 能识别常用焊接工具 ● 能根据需要选择焊接工具	18. 焊接工具的类型和用途 ● 说出焊枪的类型 ● 举例说明不同焊枪的用途 19. 焊瓦的类型和用途 ● 说出常用焊瓦的类型 ● 举例说明不同焊瓦的用途 20. 焊夹的类型和用途 ● 说出常用焊夹的类型 ● 举例说明不同焊夹的用途	
	11. 保养首饰金工制作工具 ● 能根据需要，对首饰金工制作工具进行日常保养	21. 首饰金工制作工具的保养方法 ● 说出首饰金工制作工具的日常保养要求 ● 举例说明首饰金工制作工具的防锈和除锈方法	
3. 制作天元戒	1. 戒指类产品图纸分析 ● 能正确识读戒指类产品图纸 ● 能根据图纸，确定制作方案	1. 戒指类产品的结构特点和制作方案 ● 举例说明戒指类产品的结构特点 ● 举例说明戒指类产品的制作方案	12
	2. 戒圈材料准备 ● 能对戒指手寸号进行测量并读出正确的测量值 ● 能根据戒指手寸号换算戒圈直径 ● 能根据戒圈直径和厚度，计算所需材料的长度 ● 能使用钢直尺对材料进行长度测量并正确读数 ● 能使用游标卡尺对材料进行长度测量并正确读数	2. 戒指手寸号的概念 ● 概述戒指手寸号的概念 ● 简述戒指手寸号和戒圈直径的对应关系 3. 指环量规的类型和使用方法 ● 说出指环量规的类型 ● 描述使用指环量规测量戒指手寸号的方法 4. 戒圈长度的计算方法 ● 简述戒圈长度的计算方法 5. 首饰尺寸的测量方法 ● 简述钢直尺的测量方法 ● 简述游标卡尺的测量方法	

学习任务	技能与学习要求	知识与学习要求	参考学时
3. 制作天元戒	3. 使用焊枪对材料进行热处理作业 ● 能根据消防要求，正确对焊枪进行点火 ● 能根据需要，调整火焰大小 ● 能根据规范，对材料进行退火操作 ● 能在热处理过程中做好安全防护	6. 退火的概念和目的 ● 概述退火的概念 ● 简述退火的目的 7. 使用焊枪时的消防安全要求和安全防护要求 ● 简述使用焊枪时的消防安全要求 ● 简述使用焊枪时的安全防护要求 8. 焊枪的使用方法和操作要领 ● 简述焊枪调整火焰的方法 ● 简述使用焊枪退火的操作要领	
	4. 压制金属条 ● 能安全操作压片机 ● 能使用压片机压制金属条	9. 压片机的结构和使用 ● 说出压片机的结构 ● 描述压片机的安全操作方法 10. 金属条的压制方法 ● 描述使用压片机压制金属条的方法	
	5. 锤打戒圈材料 ● 能根据工艺要求，对金属条进行锤打延长 ● 能根据工艺要求，将金属条锤打成长方形 ● 能根据工艺要求，利用坑铁将戒圈材料锤打成半圆形 ● 能根据工艺要求，将材料在戒指铁上锤打成环 ● 能在锤打过程中做好安全防护	11. 锤打原理和工艺要求 ● 简述锤打的原理 ● 简述锤打的工艺要求 12. 锤打过程中的安全防护要求 ● 说出锤打过程中的安全防护要求 13. 金属材料变形锤打的原理和方法 ● 简述金属材料变形锤打的原理 ● 简述金属材料变形锤打的方法 14. 平面材料的锤打要求 ● 简述平面材料的锤打要求（整形、伸长、展薄） ● 简述几何形状材料的锤打要求（方形、圆形） 15. 戒圈成环的锤打方法 ● 简述将材料在戒指铁上锤打成环的方法	
	6. 锉削戒圈材料 ● 能用正确方法锉削平面 ● 能用正确方法锉削外弧面	16. 锉削过程中的安全防护要求 ● 说出锉削过程中的安全防护要求	

（续表）

学习任务	技能与学习要求	知识与学习要求	参考学时
3. 制作天元戒	● 能用正确方法锉削内平面 ● 能根据工艺要求，对材料进行粗锉、细锉和精锉 ● 能在锉削过程中做好安全防护	17. 锉刀的握法 ● 描述大锉刀的握法 ● 描述中小锉刀的握法 18. 平面的锉削方法 ● 简述平面锉削方法的类型 ● 简述平面锉削方法的特点 19. 内外弧面的锉削方法 ● 简述外圆弧面的锉削方法 ● 简述内圆弧面的锉削方法	
	7. 砂纸打磨戒圈材料 ● 能根据设计要求，完成砂纸卷、砂纸尖、砂纸飞轮、砂纸推板等小工具的制作 ● 能选用合适的工具和材料打磨平面、弧面 ● 能在打磨过程中做好安全防护	20. 砂纸的品种和用途 ● 说出砂纸的品种 ● 说出不同砂纸的用途 21. 砂纸的型号和粗细关系 ● 说出砂纸的型号 ● 说出砂纸的型号与粗细关系 22. 打磨用小工具的制作方法 ● 说出打磨用小工具的类型 ● 描述打磨用小工具的制作方法 23. 首饰打磨方法 ● 说出平面打磨方法 ● 说出弧面打磨方法 24. 打磨过程中的安全防护要求 ● 说出打磨过程中的安全防护要求	
	8. 戒指表面抛光 ● 能按照工艺要求，选择抛光设备和耗材 ● 能根据工艺要求，对素金类戒指进行外圈抛光 ● 能根据工艺要求，对素金类戒指进行内圈抛光 ● 能在抛光过程中做好安全防护	25. 首饰抛光材料的类型和特点 ● 简述首饰抛光用蜡的类型 ● 简述不同首饰抛光用蜡的特点 26. 吊机配套用抛光头的类型和用途 ● 说出不同抛光头的类型 ● 举例说明不同抛光头的用途 27. 台式抛光机的使用方法 ● 说出常用抛光轮的类型 ● 说出台式抛光机的安全操作方法 28. 滚筒抛光机的原理和使用方法 ● 说出滚筒抛光机的原理 ● 说出滚筒抛光机的使用方法 29. 抛光过程中的安全防护要求 ● 说出抛光过程中的安全防护要求	

（续表）

学习任务	技能与学习要求	知识与学习要求	参考学时
3. 制作天元戒	9. 首饰清洗 ● 能按照工艺要求，手工清洗首饰 ● 能按照工艺要求，使用超声波清洗机清洗首饰 ● 能在清洗过程中做好安全防护	30. 手工清洗首饰的工具、材料和方法 ● 列举手工清洗首饰的工具、材料 ● 描述手工清洗首饰的方法 31. 机器清洗方法 ● 说出操作超声波清洗机的方法 ● 说出操作蒸汽清洗机的方法 32. 清洗过程中的安全防护要求 ● 说出清洗过程中的安全防护要求	
	10. 贵金属粉末回收 ● 能规范清扫贵金属粉末 ● 能分类回收贵金属粉末	33. 贵金属粉末回收要求和步骤 ● 说出贵金属粉回收要求 ● 描述贵金属粉回收步骤	
	11. 戒指类首饰产品的质量检验 ● 能对戒指类产品进行外观质量检验 ● 能对戒指类产品进行工艺质量检验 ● 能依据首饰称量规定，正确称量首饰的质量并给出称量值	34. 戒指类产品质量要求 ● 简述戒指类产品的外观质量要求 ● 简述戒指类产品的工艺检验要求 35. 天平的类型和使用要求 ● 说出天平的类型 ● 描述电子天平的使用要求 36. 贵金属饰品质量测量允差的规定 ● 简述贵金属饰品质量测量允差的规定	
4. 制作字母链	1. 平面图案类图纸分析 ● 能正确识读平面图案类图纸 ● 能根据图纸，确定平面图案类产品制作方案	1. 平面图案的图纸分析方法和制作方案 ● 举例说明平面图案图纸的分析方法 ● 举例说明平面图案类产品的制作方案	12
	2. 金属片材准备 ● 能根据制作要求初步选取金属片材 ● 能根据工艺要求使用压片机压制符合厚度要求的金属片材 ● 能在压制金属片材过程中，注意安全防护	2. 金属片材的选取要求 ● 简述金属片材的选取要求 3. 金属片材的压制方法 ● 描述使用压片机压制金属片材的方法	
	3. 图案放样 ● 能根据要求对图案进行放样	4. 图案放样的概念和步骤 ● 概述图案放样的概念 ● 描述图案放样的步骤	

（续表）

学习任务	技能与学习要求	知识与学习要求	参考学时
4. 制作字母链	4. 锯切直线、曲线和转角 ● 能根据工艺要求，合理运锯，锯切直线 ● 能根据工艺要求，合理运锯，锯切曲线 ● 能根据工艺要求，合理运锯，锯切转角 ● 能在锯切过程中，做好安全防护	5. 锯条安装方法 ● 说出锯条安装时的锯齿方向 ● 描述锯条安装方法 6. 运锯握姿与要求 ● 描述运锯握姿 ● 说出运锯要求 7. 线的锯切方法 ● 简述直线的锯切方法 ● 简述曲线的锯切方法 8. 转角的锯切方法 ● 简述转角的锯切方法 9. 锯切过程中的安全防护要求 ● 说出锯切过程中的安全防护要求	
	5. 锯切镂空图案 ● 能使用吊机配合钻针，安全打孔 ● 能根据制作要求，合理运锯，锯切镂空图案	10. 打孔方法与安全防护要求 ● 简述使用吊机配合钻针打孔的方法 ● 描述打孔过程中的安全防护要求 11. 镂空图案的锯切方法 ● 简述镂空图案的锯切方法	
	6. 图案的锉修 ● 能对图案边缘进行锉修	12. 图案的锉修方法 ● 简述图案的锉修方法	
5. 制作立体五角星	1. 简单立体作品图纸分析 ● 能正确识读立体五角星图纸 ● 能根据图纸，确定立体五角星的制作方案	1. 半立体五角星的特点与制作方案 ● 描述半立体五角星的结构特点 ● 简述半立体五角星的制作方案	16
	2. 锯切厚金属材料 ● 能锯切厚金属材料 ● 能在锯切时预留余量	2. 厚金属运锯方法 ● 说出厚金属材料运锯方法 3. 锯切余量 ● 描述锯切厚金属时应预留的余量	
	3. 锉削半立体五角星 ● 能根据图纸外沿锉出五角星外形 ● 能使用合适的锉刀，锉出五角星的斜面、剑脊和星尖	4. 半立体五角星的锉削要求 ● 简述对称斜面锉削要求 ● 简述折角锉削要求	
	4. 半立体五角星的表面处理 ● 能综合运用表面处理技法对半立体五角星进行打磨、抛光、清洗	5. 半立体五角星的表面处理方法 ● 简述半立体五角星的表面处理方法	

学习任务	技能与学习要求	知识与学习要求	参考学时
6. 制作基础款链条	1. 链条类产品图纸分析 ● 能正确识读链条类产品图纸 ● 能根据图纸,确定链条的制作方案	1. 链条类产品的结构特点和制作方案 ● 简述链条类产品的结构特点 ● 简述链条类产品的制作方案	16
	2. 链条类产品材料准备 ● 能根据制作要求,初步选取金属线材 ● 能根据工艺要求,将金属线材拉制成所需的形状和尺寸	2. 金属线材的选取要求 ● 简述线材的选取要求 3. 拉线板的类型和使用方法 ● 说出常用拉线板的类型 ● 说出拉线板的使用方法 4. 线材拉制过程中的操作和安全防护要求 ● 说出拉线过程中的操作要求 ● 说出拉线过程中的安全防护要求	
	3. 制作金属链颗 ● 能根据链条的款式,选择合适的绕链颗芯棒 ● 能根据工艺要求,利用芯棒制作链颗	5. 绕链颗芯棒应具备的条件 ● 说出绕链颗芯棒应具备的条件 6. 链颗的制作方法 ● 说出利用芯棒制作链颗的方法	
	4. 焊接链颗 ● 能根据工艺要求,选用焊药和焊剂 ● 能牢固焊接单环链颗	7. 焊接的概念 ● 概述焊接的概念 8. 焊药的类型和用途 ● 简述焊药的类型 ● 简述不同焊药的用途 9. 焊剂的作用和类型 ● 简述焊剂的作用 ● 简述常用焊剂的类型 10. 点和点组合焊接的方法 ● 简述点和点焊接的方法 ● 说出控制熔流方向的方法	
	5. 链条扣子的制作 ● 能根据工艺要求,制作 S 形扣 ● 能根据工艺要求,制作 W 形扣 ● 能根据工艺要求,焊接链条扣子	11. 常见链条扣子的类型 ● 说出常见链条扣子的类型 12. S 形扣的制作方法 ● 说出 S 形扣的特点 ● 描述 S 形扣的制作方法 13. W 形扣的制作方法 ● 说出 W 形扣的特点 ● 描述 W 形扣的制作方法	

（续表）

学习任务	技能与学习要求	知识与学习要求	参考学时
6. 制作基础款链条	6. 链条酸洗 ● 能根据工艺要求,选择酸洗液对首饰进行酸洗 ● 能在首饰酸洗过程中,注意安全防护	14. 首饰酸洗的目的 ● 简述首饰酸洗的目的 ● 简述常用首饰酸洗液的类型 15. 明矾煮洗首饰的方法 ● 简述明矾煮洗首饰的方法 ● 简述明矾煮洗首饰的安全防护要求 16. 稀硫酸清洗首饰的方法和安全防护要求 ● 简述稀硫酸清洗首饰的方法 ● 简述稀硫酸清洗首饰的安全防护要求	
	7. 链条的表面处理 ● 能综合运用表面处理技法对链条进行打磨、抛光、清洗	17. 链条的表面处理方法 ● 简述链条的抛光方法	
	8. 链条类首饰产品的质量检验 ● 能对链条类产品进行外观质量检验 ● 能对链条类产品进行工艺质量检验 ● 能对链条类产品进行长度测量并给出正确的测量值	18. 链条类产品的质量要求 ● 简述链条类产品的外观质量要求 ● 简述链条类产品的工艺检验要求 19. 链条类产品的长度测量方法 ● 简述链条类产品的长度测量方法	
7. 制作基础款耳饰	1. 耳饰类产品图纸分析 ● 能正确识读耳饰类产品图纸 ● 能根据图纸,确定耳饰的制作方案	1. 耳饰类产品图纸分析方案 ● 简述耳饰类产品的结构特点 ● 举例说明耳饰类产品的制作方案	24
	2. 耳饰材料准备 ● 能根据制作要求,选取耳饰材料 ● 能根据制作要求,选取耳饰配件材料	2. 耳饰配件的材料要求 ● 说出耳饰插针的材料要求 ● 说出耳钩的材料要求	
	3. 制作肌理纹 ● 能用不同锤子敲出锤纹 ● 能借助压片机压制肌理纹	3. 金属肌理效果的类型和制作方法 ● 简述金属肌理效果的类型 ● 举例说明常见肌理纹的制作方法	
	4. 制作耳饰配件 ● 能根据工艺要求,制作耳饰插针 ● 能根据工艺要求,制作耳钩	4. 耳饰配件的制作方法 ● 描述耳饰插针的制作方法 ● 描述耳钩的制作方法	

（续表）

学习任务	技能与学习要求	知识与学习要求	参考学时
7. 制作基础款耳饰	5. 焊接耳饰配件与主体 ● 能根据工艺要求，完成耳饰配件与主体的焊接	5. 点和面组合的焊接方法 ● 说出点和面组合的焊接方法	
	6. 耳饰表面处理 ● 综合运用首饰金工制作技法，通过锉修、打磨、酸洗、抛光、清洁等操作，完成耳饰表面的处理工作	6. 细小部件的表面处理技巧 ● 说出细小部件的表面处理技巧	
	7. 耳饰的产品质量检验 ● 能对耳饰类产品进行外观质量检验 ● 能对耳饰类产品进行工艺质量检验	7. 耳饰类产品质量要求 ● 简述耳饰类产品的外观质量要求 ● 简述耳饰类产品的工艺检验要求	
8. 制作基础款挂坠	1. 挂坠类产品图纸分析 ● 能正确识读挂坠类产品图纸 ● 能根据图纸，确定挂坠的制作方案	1. 挂坠类产品的结构特点和制作方案 ● 简述挂坠类产品的结构特点 ● 举例说明挂坠类产品的制作方案	24
	2. 挂坠材料准备 ● 能根据制作要求，选取挂坠主体材料 ● 能根据制作要求，选取瓜子扣材料	2. 常见挂坠扣子类型 ● 举例说明常见挂坠扣子类型 3. 瓜子扣的用料要求 ● 说出瓜子扣的用料要求	
	3. 制作瓜子扣 ● 能根据工艺要求，制作瓜子扣	4. 瓜子扣的制作方法 ● 描述瓜子扣的制作方法	
	4. 制作挂坠的主体部件 ● 能根据造型要求选用合适的造型工具（如窝作、冲头等），制作挂坠的主体部件	5. 敲制弧面的方法 ● 描述利用锤子和窝作敲制弧面的方法	
	5. 完成挂坠的制作 ● 能综合运用首饰金工制作技法，通过锉修、焊接、酸洗、打磨、抛光、清洁等操作，完成挂坠的制作	6. 较大弧面的表面处理技巧 ● 说出较大弧面的表面处理技巧	

（续表）

学习任务	技能与学习要求	知识与学习要求	参考学时
8. 制作基础款挂坠	6. 挂坠的产品质量检验 ● 能对挂坠类产品进行外观质量检验 ● 能对挂坠类产品进行工艺质量检验	7. 挂坠类产品质量要求 ● 简述挂坠类产品的外观质量要求 ● 简述挂坠类产品的工艺检验要求	
9. 制作基础款胸针	1. 胸针类产品图纸分析 ● 能正确识读胸针类产品图纸 ● 能根据图纸,确定胸针的制作方案	1. 胸针类产品的结构特点和制作方案 ● 简述胸针类产品的结构特点 ● 举例说明胸针类产品的制作方案	24
	2. 胸针材料准备 ● 能根据制作要求,选取胸针的主体材料 ● 能根据制作要求,选取胸针的背针材料	2. 常见胸针背针类型 ● 简述常见胸针背针类型 3. 胸针背针的用料要求 ● 说出胸针背针的用料要求	
	3. 制作胸针的背针 ● 能根据工艺要求,制作胸针的背针	4. 胸针背针的制作方法 ● 描述常见胸针背针的制作方法	
	4. 制作胸针的主体部件 ● 能根据设计图案,选用工具,在胸针主体部件上制作花纹	5. 首饰制作装饰手法 ● 简述首饰制作的装饰手法类型 6. 复杂花纹的锯制技巧 ● 说出复杂花纹的锯制技巧	
	5. 完成胸针的制作 ● 能综合运用首饰金工制作技法,通过锉修、焊接、酸洗、打磨、抛光、清洁等操作,完成胸针的制作 ● 能使用棉线对胸针复杂镂空内壁进行抛光	7. 线抛光法 ● 简述使用棉线对复杂镂空内壁进行抛光的方法	
	6. 胸针的产品质量检验 ● 能对胸针类产品进行外观质量检验 ● 能对胸针类产品进行工艺质量检验	8. 胸针类产品质量要求 ● 简述胸针类产品的外观质量要求 ● 简述胸针类产品的工艺检验要求	
总学时			144

五、 实施建议

（一）教材编写与选用建议

1. 应依据本课程标准编写教材或选用教材，从国家和市级教育行政部门发布的教材目录中选用教材，优先选用国家和市级规划教材。

2. 教材要充分体现育人功能，紧密结合教材内容、素材，有机融入课程思政要求，将课程思政内容与专业知识、技能有机统一。

3. 应树立以学生为中心的教材观，在设计教材结构和组织教材内容时遵循中职学生的认知特点与学习规律。

4. 教材编写应以贵金属首饰手工制作工所需的首饰金工基础制作能力为逻辑线索，按照职业能力培养由易到难、由简单到复杂、由单一到综合的规律，搭建教材的结构框架，确定教材各部分的目标、内容，并进行相应的任务、活动设计等，从而建立起一个结构清晰、层次分明的教材内容体系。

5. 教材在整体设计和内容选取时，要注重引入珠宝首饰行业发展的新业态、新知识、新技术、新方法，贴近工作实际，体现先进性和实用性，创设或引入职业情境，增强教材的职场感。

6. 教材应以学生为本，增强对学生的吸引力，贴近学生生活、贴近职场，采用生动活泼的、学生乐于接受的语言、图表、视频、动画等形式来呈现内容，让学生在使用教材时有亲切感、真实感。

（二）教学实施建议

1. 切实推进课程思政在教学中的有效落实，寓价值观引导于知识传授和能力培养之中，帮助学生塑造正确的世界观、人生观、价值观。深入梳理教学内容，结合课程特点，充分挖掘课程内容中的思政元素，把思政教学与专业知识、技能教学融为一体，达到润物无声的育人效果。

2. 充分体现职业教育"实践导向、任务引领、理实一体、做学合一"的课改理念，紧密联系珠宝首饰企业生产实际，以金属工艺中的锯、锉、焊等组成的典型任务为载体，加强理论教学与实践教学的结合，充分利用各种实训场所与设备，促进教学方式转变。

3. 坚持以学生为中心的教学理念，充分尊重学生。教师应成为学生学习的组织者、指导者和同伴，遵循学生认知特点和学习规律，以"学"为中心设计和组织教学活动。

4. 改变传统的灌输式教学，充分调动学生学习的积极性、能动性，采取灵活多样的教学方式，积极探索自主学习、合作学习、探究式学习、问题导向式学习、体验式学习、混合式学习等体现教学新理念的教学方式。

5. 有效利用现代信息技术手段,结合教学内容,使用首饰加工图片、视频等媒介,改进教学方法与手段,提升教学效果。

6. 注重培养学生良好的学习习惯,把法治意识、规范意识、安全意识、质量意识和工匠精神、创新思维融入教学活动,促进学生综合职业素养的养成。

(三) 教学评价建议

1. 以课程标准为依据,开展基于标准的教学评价。

2. 以评促教、以评促学,通过课堂教学及时评价,不断改进教学手段。

3. 教学评价始终坚持德技并重的原则,构建德技融合的专业课教学评价体系,把德育和职业素养的评价内容与要求细化为具体的评价指标,有机融入专业知识与技能的评价指标体系,形成可观察、可测量的评价量表,综合评价学生的学习情况。通过有效评价,在日常教学中不断促进学生良好的思想品德和职业素养的形成。

4. 注重日常教学中对学生学习的评价,充分利用多种过程性评价工具,如评价表、记录袋等,积累过程性评价数据,形成过程性评价与终结性评价相结合的评价模式。

5. 在日常教学中开展对学生学习的评价时,充分利用信息化手段,使用各类较成熟的教育评价平台,探索教育数字化转型背景下的评价模式。

(四) 资源利用建议

1. 开发适合教学使用的多媒体教学资源库和多媒体教学课件。幻灯片、投影、操作录屏、微课等资源有利于创设形象生动的学习情境,激发学生的学习兴趣,促进学生对专业知识的理解和掌握。建议加强常用首饰金工基础课程资源的开发,建立线上、线下课程资源的数据库,努力实现学校间的课程资源共享。

2. 积极开发和利用网络课程资源,引导学生善用丰富的在线资源,自主学习与贵金属首饰手工制作工岗位所需能力相关的指导视频;充分利用电子期刊、数字图书馆、教育网站和网络论坛等资源,使教学媒体从单一媒体向多媒体转变,教学活动从信息的单向传递向双向交换转变,学习方式从单独学习向合作学习转变。

3. 产学合作开发专业课程实训资源,充分利用珠宝首饰行业典型资源,加强与珠宝首饰生产企业的合作,建立实习实训基地,满足学生的实习实训需求。

4. 建立首饰手工制作实训室,鼓励学生利用课余时间到实训室进行首饰艺术创作,将教学与培训合一、实训与创作合一,满足学生首饰设计与制作相关职业能力培养的要求。

首饰制作与镶嵌课程标准

课程名称

首饰制作与镶嵌

适用专业

中等职业学校首饰设计与制作专业

一、 课程性质

首饰制作与镶嵌是中等职业学校首饰设计与制作专业的一门专业核心课程,也是该专业的一门专业必修课程。其功能是使学生掌握首饰起版工艺和镶嵌工艺的基本知识和首饰镶嵌技能。本课程是首饰金工基础制作课程的后续课程,也为学生进行珠宝首饰设计与制作打下基础。

二、 设计思路

本课程的总体设计思路是:遵循任务引领、理实一体的原则,根据首饰设计与制作专业工作任务与职业能力分析结果,以贵金属首饰手工制作工所需的首饰镶嵌能力为依据而设置。

课程内容紧紧围绕贵金属首饰手工制作工能力培养的需要,选取了首饰起版工艺基础知识、镶嵌首饰图纸分析、镶嵌工具与材料的选用、首饰镶嵌技法、镶嵌首饰的工艺评价等内容,遵循适度够用的原则,确定相关理论知识、专业技能与要求,并融入"1＋X"贵金属首饰制作与检验职业技能等级证书(初级)的相关考核要求。

课程内容组织以贵金属首饰手工制作工首饰镶嵌的典型任务为主线,从易到难,设有分析常见首饰镶嵌工艺、椭圆形弧面型宝石包边镶吊坠制作、马眼形弧面型宝石包角镶戒指制作、圆形刻面型宝石齿镶耳钉制作、水滴形刻面型宝石齿镶吊坠制作、三粒排钻齿镶线戒制作、阶梯型宝石包角镶戒指制作、盘钻镶耳钉制作、公主方宝石轨道镶吊坠制作 9 个学习任务。以任务为引领,通过任务整合相关知识、技能与职业素养。

本课程建议学时数为 144 学时。

三、 课程目标

通过本课程的学习,使学生能具备首饰镶嵌的基本理论知识,掌握制作镶嵌首饰的基本技能,遵守首饰制作与镶嵌操作安全规范、分析图纸特点、选用金属材料和工具,运用锯切、钻孔、焊接、锉修、抛光、镶嵌等技法,制作首饰齿镶、包边镶、包角镶、轨道镶等典型镶嵌产品,达到"1＋X"贵金属首饰制作与检验职业技能等级证书(初级)的相关考核要求,具体达成以下职业素养和职业能力目标。

(一)职业素养目标

● 遵纪守法、爱岗敬业、诚实守信,自觉遵守与珠宝首饰行业相关的职业道德和法律法规、行业规定。

● 热爱首饰设计与制作,逐渐养成科学健康、积极向上的审美情趣,在学习实践中不断提升艺术修养,具备一定的三维空间意识和造型能力。

● 逐渐养成认真负责、严谨细致、专注耐心、精益求精的职业态度,传承和弘扬中华优秀传统文化,在创作中勇于创新。

● 能在首饰制作与镶嵌操作中做好安全防护,遵守操作规范,爱惜工具、节约材料,注意环境保护。

● 树立团队合作意识,具备良好的人际沟通能力。

(二)职业能力目标

● 能分析图纸特点,确定镶嵌首饰的制作方案。

● 能根据制作要求,合理选用金属材料、宝石材料和工具。

● 能根据制作要求,综合运用锯切、钻孔、焊接、锉修、镶嵌、抛光等技法完成镶嵌首饰的起版创作。

● 能运用首饰的起版工艺和镶嵌工艺制作基础款镶嵌首饰金属版。

● 能运用包边镶、包角镶、齿镶、槽镶等镶嵌技法完成宝石镶嵌制作。

● 能综合运用执模和抛光技法对镶嵌首饰进行执模与抛光。

● 能对常见镶嵌首饰进行工艺评价。

四、 课程内容与要求

学习任务	技能与学习要求	知识与学习要求	参考学时
1. 分析常见首饰镶嵌工艺	1. 分析首饰镶嵌工艺 ● 能分析镶嵌工艺的类别	1. 首饰镶嵌工艺的概念 ● 概述首饰镶嵌工艺的概念 2. 常见首饰镶嵌工艺的类别 ● 举例说明常见首饰镶嵌工艺的类别	4

（续表）

学习任务	技能与学习要求	知识与学习要求	参考学时
1. 分析常见首饰镶嵌工艺	2. 分析不同镶嵌工艺的特点 ● 能分析包边镶工艺的特点 ● 能分析不同造型包角镶工艺的特点 ● 能分析不同造型齿镶工艺的特点 ● 能分析轨道镶工艺的特点	3. 常见首饰镶嵌工艺的特点 ● 举例说明常见镶嵌工艺（如齿镶、包边镶、包角镶、轨道镶）的特点	
2. 椭圆形弧面型宝石包边镶吊坠制作	1. 遵守首饰制作与镶嵌的操作规范 ● 能在操作前严格做好安全防护 ● 能严格遵守首饰制作与镶嵌的操作规范 ● 能在首饰制作与镶嵌过程中按要求回收金属粉末	1. 首饰制作与镶嵌的操作规范 ● 描述首饰制作与镶嵌的安全防护要求 ● 描述首饰制作与镶嵌的操作规范 2. 首饰制作与镶嵌的绿色生产要求 ● 简述首饰制作与镶嵌过程中收集金属粉末的要求 ● 简述首饰制作与镶嵌过程中环境保护的要求	16
	2. 分析包边镶吊坠图纸 ● 能看懂包边镶吊坠的三视图和立体效果图，根据图纸分析产品的三维空间造型特点和结构特征 ● 能根据图纸要求，读取产品的尺寸信息 ● 能根据设计要求，确定制作方案	3. 包边镶首饰图纸分析要求 ● 说出包边镶首饰三视图的空间方位关系 ● 举例说明包边镶首饰三视图的标注规则 4. 包边镶吊坠的制作步骤 ● 举例说明包边镶吊坠的制作步骤	
	3. 选择和准备金属材料 ● 能根据图纸要求，选择金属材料 ● 能根据图纸要求，准备包边镶口的材料 ● 能根据图纸要求，准备吊坠主体的材料	5. 包边镶吊坠的材料要求 ● 描述包边镶口的材料要求 ● 描述吊坠主体的材料要求	
	4. 制作包边镶口与吊坠主体部件 ● 能根据图纸要求，制作包边镶口 ● 能根据图纸要求，制作吊坠主体部件	6. 包边镶口的制作方法和要求 ● 简述包边镶口的制作方法 ● 简述包边镶口的制作要求 7. 吊坠主体的制作方法和要求 ● 举例说明吊坠主体的制作方法 ● 举例说明吊坠主体的制作要求	

（续表）

学习任务	技能与学习要求	知识与学习要求	参考学时
2. 椭圆形弧面型宝石包边镶吊坠制作	5. 拼接包边镶口与吊坠主体 ● 能根据图纸要求，拼接包边镶口与吊坠主体	8. 包边镶口与吊坠主体的拼接方法 ● 举例说明包边镶口与吊坠主体的拼接方法	
	6. 包边镶吊坠执模 ● 能根据图纸要求，完成包边镶产品执模工作	9. 包边镶吊坠的执模要求与方法 ● 简述包边镶吊坠的执模要求 ● 简述包边镶吊坠的执模方法	
	7. 椭圆形弧面型宝石包边镶嵌 ● 能根据椭圆形包边镶口的结构，选用相应的镶嵌工具 ● 能根据图纸，完成椭圆形弧面型宝石包边镶嵌工作	10. 包边镶嵌的工具与方法 ● 列举包边镶嵌的工具 ● 描述包边镶嵌的方法	
	8. 包边镶吊坠抛光 ● 能正确使用抛光机 ● 能根据要求，对包边镶吊坠进行抛光	11. 抛光机的使用方法与要求 ● 简述抛光机的使用方法 ● 简述抛光机的使用要求 12. 包边镶吊坠的抛光步骤与要求 ● 简述包边镶吊坠的抛光步骤 ● 简述包边镶吊坠的抛光要求	
	9. 包边镶吊坠评价 ● 能根据评价要素对包边镶嵌的工艺进行评价 ● 能根据评价要素对包边镶吊坠的金属表面质量进行评价	13. 包边镶首饰的评价要素 ● 简述包边镶嵌的工艺评价要素 ● 简述包边镶首饰金属的表面质量评价要素	
3. 马眼形弧面型宝石包角镶戒指制作	1. 分析马眼形弧面型宝石包角镶戒指图纸 ● 能看懂戒指的三视图和立体效果图，根据图纸分析产品的三维空间造型特点 ● 能分析马眼形包角镶口的结构特点 ● 能分析戒圈与镶口连接处的结构特点 ● 能根据图纸要求，读取马眼形镶口的尺寸信息 ● 能根据图纸要求，读取戒圈的尺寸信息 ● 能根据图纸要求，确定马眼形包角镶戒指的制作方案	1. 马眼形包角镶戒指的三维空间造型特点 ● 举例说明马眼形包角镶戒指的三维空间造型特点 2. 马眼形包角镶戒指的结构特点 ● 举例说明马眼形包角镶口的结构特点 ● 举例说明马眼形包角镶口与戒圈连接处的结构特点 3. 马眼形包角镶戒指的尺寸要求 ● 简述马眼形镶口的具体尺寸要求 ● 举例说明戒圈的具体尺寸要求 4. 马眼形包角镶戒指的制作要求 ● 举例说明马眼形包角镶戒指的制作要求	16

学习任务	技能与学习要求	知识与学习要求	参考学时
3. 马眼形弧面型宝石包角镶戒指制作	2. 选取马眼形镶口和戒圈金属材料 ● 能根据镶口要求，测量、选取马眼形镶口材料 ● 能根据戒圈要求，测量、选取戒圈材料	5. 马眼形包角镶戒指的材料要求 ● 描述马眼形包角镶口的材料要求 ● 描述戒圈的材料要求	
	3. 制作马眼形包角镶口与戒圈 ● 根据图纸尺寸要求，制作马眼形包角镶口 ● 根据图纸尺寸要求，制作戒圈	6. 马眼形包角镶口的制作方法和要求 ● 简述马眼形包角镶口的制作方法 ● 简述马眼形包角镶口的制作要求 7. 戒圈的制作方法和要求 ● 举例说明戒圈的制作方法 ● 举例说明戒圈的制作要求	
	4. 拼接马眼形镶口与戒圈 ● 能根据图纸要求，拼接马眼形镶口与戒圈	8. 马眼形包角镶口与戒圈的拼接方法 ● 举例说明马眼形包角镶口与戒圈的拼接方法	
	5. 马眼形包角镶戒指执模 ● 能根据图纸要求，完成马眼形包角镶戒指执模工作	9. 马眼形包角镶戒指的执模方法与要求 ● 简述马眼形包角镶戒指的执模方法 ● 简述马眼形包角镶戒指的执模要求	
	6. 马眼形弧面型宝石包角镶嵌 ● 能根据马眼形包角镶口结构，选用相应的镶嵌工具 ● 能根据图纸，完成马眼形弧面型宝石包角镶嵌工作	10. 包角镶嵌的工具与方法 ● 列举包角镶嵌的工具 ● 描述包角镶嵌的方法	
	7. 包角镶戒指抛光 ● 能正确更换抛光机的抛光工具 ● 能根据要求，对包角镶戒指的内、外面进行抛光处理	11. 抛光机设备零部件的更换要领 ● 简述抛光机设备零部件的更换要领 12. 包角镶戒指的抛光处理技巧 ● 举例说明包角镶戒指的内面抛光技巧 ● 举例说明包角镶戒指的外面抛光技巧	
	8. 包角镶戒指评价 ● 能根据评价要素对包角镶嵌的工艺进行评价 ● 能根据评价要素对包角镶戒指的金属表面质量进行评价	13. 包角镶戒指的评价要素 ● 描述包角镶嵌的工艺评价要素 ● 简述包角镶首饰的金属表面质量评价要素	

(续表)

学习任务	技能与学习要求	知识与学习要求	参考学时
4. 圆形刻面型宝石齿镶耳钉制作	1. 分析圆形齿镶耳钉图纸 ● 能看懂圆形齿镶耳钉的三视图和立体效果图,根据图纸分析产品的三维空间造型特点 ● 能分析圆形齿镶镶口的结构特点 ● 能分析耳钉的结构特点 ● 能根据图纸要求,读取圆形齿镶镶口尺寸信息 ● 能根据图纸要求,读取耳钉尺寸信息 ● 能根据图纸要求,确定圆形齿镶耳钉制作方案	1. 圆形齿镶耳钉的三维空间造型特点 ● 举例说明圆形齿镶耳钉的三维空间造型特点 2. 圆形齿镶耳钉的结构特点 ● 举例说明圆形齿镶镶口的结构特点 ● 举例说明耳钉的结构特点 3. 圆形齿镶耳钉的尺寸要求 ● 简述圆形齿镶镶口的具体尺寸要求 ● 举例说明耳钉的具体尺寸要求 4. 圆形齿镶耳钉的制作要求 ● 举例说明圆形齿镶耳钉的制作要求	16
	2. 选取圆形齿镶耳钉材料 ● 能根据镶口要求,测量、选取圆形齿镶镶口材料 ● 能根据耳钉要求,测量、选取耳钉材料	5. 圆形齿镶耳钉的材料要求 ● 描述圆形齿镶镶口的材料要求 ● 描述耳钉的材料要求	
	3. 制作圆形齿镶镶口与耳钉主体 ● 能根据图纸尺寸要求,制作圆形齿镶镶口 ● 能根据图纸尺寸要求,制作耳钉主体	6. 圆形齿镶镶口的制作方法和要求 ● 简述圆形齿镶镶口的制作方法 ● 简述圆形齿镶镶口的制作要求 7. 耳钉主体制作方法和要求 ● 简述耳钉主体的制作方法 ● 简述耳钉主体的制作要求	
	4. 拼接圆形齿镶镶口与耳钉主体 ● 能根据图纸要求,拼接圆形齿镶镶口与耳钉主体	8. 圆形齿镶镶口与耳钉主体的拼接方法 ● 举例说明圆形齿镶镶口与耳钉主体拼接的方法	
	5. 圆形齿镶耳钉执模 ● 能根据图纸要求,完成圆形齿镶耳钉整体执模	9. 圆形齿镶耳钉的执模方法和要求 ● 简述圆形齿镶耳钉的执模方法 ● 简述圆形齿镶耳钉的执模要求	
	6. 圆形刻面型宝石齿镶镶嵌 ● 能根据圆形齿镶镶口结构,选用相应的镶嵌工具 ● 能根据图纸,完成圆形刻面宝石齿镶镶嵌	10. 圆形齿镶镶嵌的工具和方法 ● 列举圆形齿镶镶嵌的工具 ● 描述圆形齿镶镶嵌的方法	

（续表）

学习任务	技能与学习要求	知识与学习要求	参考学时
4. 圆形刻面型宝石齿镶耳钉制作	7. 圆形齿镶耳钉抛光 ● 能根据抛光要求,对圆形齿镶镶口进行抛光 ● 能根据抛光要求,对耳钉整体进行抛光	11. 圆形齿镶耳钉的抛光方法与要求 ● 简述圆形齿镶耳钉的抛光方法 ● 简述圆形齿镶耳钉的抛光要求	
	8. 圆形齿镶耳钉评价 ● 能根据评价要素对圆形齿镶的工艺进行评价 ● 能根据评价要素对圆形齿镶耳钉的金属表面质量进行评价	12. 圆形齿镶的评价要素 ● 描述圆形齿镶的工艺评价要素 ● 简述圆形齿镶首饰的金属表面质量评价要素	
5. 水滴形刻面型宝石齿镶吊坠制作	1. 水滴形齿镶吊坠图纸分析 ● 能看懂水滴形齿镶吊坠的三视图和立体效果图,根据图纸分析产品的三维空间造型特点 ● 能分析水滴形齿镶镶口的结构特点 ● 能分析吊坠主体与水滴形齿镶镶口连接部位的结构特点 ● 能从图纸读取水滴形齿镶镶口的尺寸信息 ● 能从图纸读取吊坠的主体尺寸信息 ● 能根据图纸要求,确定水滴形齿镶吊坠的制作方案	1. 水滴形齿镶吊坠的三维空间造型特点 ● 举例说明水滴形齿镶吊坠的三维空间造型特点 2. 水滴形齿镶吊坠的结构特点 ● 举例说明水滴形齿镶镶口的结构特点 ● 举例说明吊坠主体与水滴形齿镶镶口连接部位的结构特点 3. 水滴形齿镶吊坠的尺寸要求 ● 简述水滴形齿镶镶口的具体尺寸要求 ● 举例说明吊坠主体的具体尺寸要求 4. 水滴形齿镶吊坠的制作要求 ● 举例说明水滴形齿镶吊坠的制作要求	16
	2. 选取水滴形齿镶吊坠材料 ● 能根据镶口要求,测量、选取水滴形镶口材料 ● 能根据吊坠要求,测量、选取吊坠主体材料	5. 水滴形齿镶吊坠的材料要求 ● 描述水滴形镶口的材料要求 ● 举例说明吊坠主体的材料要求	
	3. 水滴形齿镶镶口和吊坠主体的制作 ● 能根据图纸尺寸要求,制作水滴形齿镶镶口 ● 能根据图纸尺寸要求,制作水滴形齿镶吊坠主体	6. 水滴形齿镶镶口的制作方法和要求 ● 简述水滴形齿镶镶口的制作方法 ● 简述水滴形齿镶镶口的制作要求 7. 水滴形齿镶吊坠主体的制作方法和要求 ● 举例说明水滴形齿镶吊坠主体的制作方法 ● 举例说明水滴形齿镶吊坠主体的制作要求	

(续表)

学习任务	技能与学习要求	知识与学习要求	参考学时
5. 水滴形刻面型宝石齿镶吊坠制作	4. 拼接水滴形齿镶镶口与吊坠主体 ● 能根据图纸要求，拼接水滴形齿镶镶口与吊坠主体	8. 水滴形齿镶镶口与吊坠主体的拼接方法与焊接技巧 ● 举例说明水滴形齿镶镶口与吊坠主体的拼接方法 ● 举例说明吊坠整体的焊接技巧	
	5. 水滴形齿镶吊坠执模 ● 能根据图纸要求，完成水滴形齿镶吊坠整体执模	9. 水滴形齿镶吊坠的执模方法和要求 ● 简述水滴形齿镶吊坠的执模方法 ● 简述水滴形齿镶吊坠的执模要求	
	6. 水滴形刻面宝石齿镶镶嵌 ● 能根据水滴形齿镶的镶口结构，选用相应的镶嵌工具 ● 能根据图纸，完成水滴形刻面型宝石齿镶镶嵌	10. 水滴形齿镶的工具和方法 ● 列举水滴形齿镶的工具 ● 描述水滴形齿镶的方法	
	7. 水滴形齿镶吊坠抛光 ● 能根据要求，对水滴形齿镶吊坠进行抛光处理	11. 水滴形齿镶吊坠的抛光方法与要求 ● 简述水滴形齿镶吊坠的抛光方法 ● 简述水滴形齿镶吊坠的抛光要求	
	8. 水滴形齿镶吊坠评价 ● 能根据评价要素对水滴形齿镶的工艺进行评价 ● 能根据评价要素对水滴形齿镶吊坠的金属表面质量进行评价	12. 水滴形刻面型宝石齿镶吊坠的评价要素 ● 描述水滴形齿镶的工艺评价要素 ● 简述水滴形齿镶首饰的金属表面质量评价要素	
6. 三粒排钻齿镶线戒制作	1. 排钻戒指图纸分析 ● 能看懂排钻齿镶线戒的三视图和立体效果图，根据图纸分析产品的三维空间造型特点 ● 能分析排钻齿镶镶口的结构特点 ● 能分析戒圈与排钻齿镶镶口连接部位的结构特点 ● 能根据图纸要求，读取排钻齿镶镶口的尺寸信息 ● 能根据图纸要求，读取线戒戒圈的尺寸信息 ● 能根据图纸要求，确定排钻齿镶线戒的制作方案	1. 排钻齿镶线戒的三维空间造型特点 ● 举例说明排钻齿镶线戒的三维空间造型特点 2. 排钻齿镶线戒的结构特点 ● 举例说明排钻齿镶镶口的结构特点 ● 举例说明戒圈与排钻齿镶镶口连接部位的结构特点 3. 排钻齿镶线戒的尺寸要求 ● 简述排钻齿镶镶口的具体尺寸要求 ● 举例说明线戒戒圈的具体尺寸要求 4. 排钻齿镶线戒的制作要求 ● 举例说明排钻齿镶线戒的制作要求	16

学习任务	技能与学习要求	知识与学习要求	参考学时
6. 三粒排钻齿镶线戒制作	2. 选取排钻齿镶线戒材料 ● 能根据镶口要求,测量、选取排钻齿镶镶口材料 ● 能根据戒圈要求,测量、选取线戒戒圈材料	5. 排钻齿镶线戒的材料要求 ● 描述排钻镶口的材料要求 ● 描述线戒戒圈的材料要求	
	3. 排钻镶口和线戒戒圈制作 ● 根据图纸要求,制作排钻齿镶镶口 ● 根据图纸要求,制作线戒戒圈	6. 排钻齿镶镶口的制作方法和要求 ● 简述排钻齿镶镶口的制作方法 ● 简述排钻齿镶镶口的制作要求	
	4. 排钻镶口与线戒戒圈拼接、执模 ● 能根据图纸要求,拼接、排钻齿镶镶口与线戒戒圈	7. 排钻镶口与线戒戒圈的拼接方法 ● 举例说明排钻齿镶镶口与线戒戒圈的拼接方法 ● 简述排钻齿镶镶口与线戒戒圈的焊接要求	
	5. 三粒排钻齿镶线戒执模 ● 能根据图纸要求,完成三粒排钻齿镶线戒整体执模	8. 三粒排钻齿镶线戒的执模方法和要求 ● 简述三粒排钻齿镶线戒的执模方法 ● 简述三粒排钻齿镶线戒的执模要求	
	6. 三粒排钻宝石齿镶镶嵌 ● 能根据三粒排钻镶口结构,选用相应的镶嵌工具 ● 能根据图纸,完成三粒排钻宝石齿镶镶嵌	9. 三粒排钻齿镶的镶嵌工具 ● 列出三粒排钻齿镶的镶嵌工具 10. 三粒排钻齿镶的镶嵌方法与要求 ● 简述三粒排钻齿镶的镶嵌方法 ● 说出三粒排钻齿镶的镶嵌要求	
	7. 抛光三粒排钻齿镶线戒 ● 能根据三粒排钻齿镶线戒造型,选择合适的抛光工具 ● 能根据要求,对三粒排钻齿镶线戒进行抛光处理	11. 三粒排钻齿镶线戒的抛光工具和要求 ● 列举三粒排钻齿镶线戒的抛光工具 ● 简述三粒排钻齿镶线戒的抛光要求	
	8. 三粒排钻齿镶线戒评价 ● 能根据评价要素对三粒排钻齿镶的工艺进行评价 ● 能根据评价要素对三粒排钻齿镶线戒的金属表面质量进行评价	12. 三粒排钻齿镶线戒的评价要素 ● 描述三粒排钻齿镶的工艺评价要素 ● 简述三粒排钻齿镶线戒的金属表面质量评价要素	

（续表）

学习任务	技能与学习要求	知识与学习要求	参考学时
7. 阶梯型宝石包角镶戒指制作	1. 分析阶梯型宝石包角镶戒指图纸 ● 能看懂阶梯型宝石包角镶戒指的三视图和立体效果图，根据图纸分析产品的三维空间造型特点 ● 能分析阶梯型宝石包角镶口的结构特点 ● 能分析戒圈与阶梯型宝石包角镶口连接部位的结构特点 ● 能根据图纸要求，读取阶梯型宝石包角镶口尺寸信息 ● 能根据图纸要求，读取戒圈尺寸信息 ● 能根据图纸要求，确定阶梯型宝石包角镶戒指的制作方案	1. 阶梯型宝石包角镶戒指的三维空间造型特点 ● 举例说明阶梯型宝石包角镶戒指的三维空间造型特点 2. 阶梯型宝石包角镶戒指的结构特点 ● 举例说明阶梯型宝石包角镶口的结构特点 ● 举例说明戒圈与阶梯型包角镶口连接部位的结构特点 3. 阶梯型宝石包角镶戒指的尺寸要求 ● 简述阶梯型宝石包角镶口的尺寸要求 ● 举例说明阶梯型宝石包角镶戒圈的尺寸要求 4. 阶梯型宝石包角镶戒指的制作要求 ● 举例说明阶梯型宝石包角镶戒指的制作要求	20
	2. 选取阶梯型包角镶戒指金属材料 ● 能根据图纸镶口要求，测量、选取阶梯型宝石包角镶口材料 ● 能根据图纸戒圈要求，测量、选取阶梯型宝石包角镶戒圈材料	5. 阶梯型宝石包角镶戒指的材料要求 ● 描述阶梯型宝石包角镶口的材料要求 ● 描述阶梯型宝石包角镶戒圈的材料要求	
	3. 制作阶梯型宝石包角镶口和戒圈 ● 根据图纸尺寸要求，制作阶梯型宝石包角镶口 ● 根据图纸尺寸要求，制作戒圈	6. 阶梯型宝石包角镶口的制作方法和要求 ● 简述阶梯型包角镶口的制作方法 ● 简述阶梯型包角镶口的制作要求	
	4. 拼接阶梯型宝石包角镶口与戒圈 ● 能根据图纸要求，拼接阶梯型宝石包角镶口与戒圈	7. 阶梯型宝石包角镶口与戒圈的拼接方法和要求 ● 举例说明阶梯型包角镶口与戒圈的拼接方法 ● 简述阶梯型包角镶口与戒圈的拼接要求	

学习任务	技能与学习要求	知识与学习要求	参考学时
7. 阶梯型宝石包角镶戒指制作	5. 阶梯型宝石包角镶戒指执模 ● 能根据图纸要求，完成阶梯型宝石包角镶戒指整体执模	8. 阶梯型宝石包角镶戒指的执模方法和要求 ● 简述阶梯型宝石包角镶戒指的执模方法 ● 简述阶梯型宝石包角镶戒指的执模要求	
	6. 阶梯型宝石包角镶嵌 ● 能根据阶梯型包角镶口的结构，选用相应的镶嵌工具 ● 能根据图纸，完成阶梯型宝石包角镶嵌	9. 阶梯型宝石包角镶嵌的工具和方法 ● 列举阶梯型宝石包角镶嵌的工具 ● 描述阶梯型宝石包角镶嵌的方法	
	7. 抛光阶梯型宝石包角镶戒指 ● 能根据要求，选择阶梯型宝石包角镶戒指的抛光工具 ● 能根据要求，对阶梯型宝石包角镶戒指进行抛光处理	10. 阶梯型宝石包角镶戒指的抛光工具与技巧 ● 简述阶梯型宝石包角镶戒指的抛光工具 ● 简述阶梯型宝石包角镶戒指的抛光技巧	
	8. 阶梯型宝石包角镶戒指评价 ● 能根据评价要素对阶梯型宝石包角镶嵌的工艺进行评价 ● 能根据评价要素对阶梯型宝石包角镶戒指的金属表面质量进行评价	11. 阶梯型宝石包角镶戒指的评价要素 ● 描述阶梯型宝石包角镶嵌的工艺评价要素 ● 简述阶梯型宝石包角镶戒指的金属表面质量评价要素	
8. 盘钻镶耳钉制作	1. 盘钻镶耳钉图纸分析 ● 能看懂盘钻镶耳钉的三视图和立体效果图，根据图纸分析产品的三维空间造型特点 ● 能分析盘钻镶口的结构特点 ● 能分析盘钻镶耳钉主体的结构特点 ● 能根据图纸要求，读取盘钻镶口尺寸信息 ● 能根据图纸要求，读取盘钻镶耳钉主体尺寸信息 ● 能根据图纸要求，确定盘钻镶耳钉的制作方案	1. 盘钻镶耳钉的三维空间造型特点 ● 举例说明盘钻镶耳钉的三维空间造型特点 2. 盘钻镶耳钉的结构特点 ● 举例说明盘钻镶口的结构特点 ● 举例说明盘钻镶口与耳钉连接部位的结构特点 3. 盘钻镶耳钉的尺寸要求 ● 简述盘钻镶口的尺寸要求 ● 举例说明盘钻镶耳钉主体的尺寸要求 4. 盘钻镶耳钉的制作要求 ● 举例说明盘钻镶耳钉的制作要求	20

（续表）

学习任务	技能与学习要求	知识与学习要求	参考学时
8. 盘钻镶耳钉制作	2. 选取盘钻镶口的材料和宝石规格 ● 能根据盘钻镶口要求,测量、选取镶口材料 ● 能根据图纸要求,选取盘钻镶宝石规格	5. 盘钻镶口的材料要求和宝石规格 ● 描述盘钻镶口的材料要求 ● 描述盘钻镶的宝石规格	
	3. 制作盘钻镶口 ● 根据图纸尺寸要求,锯切圆管 ● 根据图纸尺寸要求,焊接圆管 ● 根据图纸尺寸要求,焊接爪丝	6. 盘钻镶口圆管的锯切和焊接方法 ● 简述盘钻镶圆管的锯切方法 ● 简述盘钻镶圆管的焊接方法 7. 盘钻镶爪丝的焊接方法 ● 简述盘钻镶爪丝的焊接方法	
	4. 盘钻镶耳钉制作与拼接 ● 能根据图纸要求,完成盘钻镶耳钉主体制作 ● 能根据图纸要求,完成盘钻镶耳钉主体与盘钻镶口拼接	8. 盘钻镶耳钉的拼接方法与整体焊接技巧 ● 举例盘钻镶耳钉的拼接方法 ● 简述盘钻镶耳钉的整体焊接技巧	
	5. 盘钻镶耳钉执模 ● 能根据图纸要求,完成盘钻镶耳钉整体执模	9. 盘钻镶耳钉的执模工具与方法 ● 列举盘钻镶执模的工具 ● 简述盘钻镶耳钉执模方法	
	6. 盘钻镶宝石镶嵌 ● 能根据盘钻镶口结构,选用相应的镶嵌工具 ● 能根据图纸,完成盘钻镶宝石镶嵌	10. 盘钻镶耳钉的镶嵌方法与要求 ● 描述盘钻的镶嵌方法 ● 描述盘钻的镶嵌要求	
	7. 盘钻镶耳钉抛光 ● 能根据要求,对盘钻镶耳钉进行抛光	11. 盘钻镶耳钉的抛光方法与要求 ● 简述盘钻镶耳钉的抛光方法 ● 简述盘钻镶耳钉的抛光要求	
	8. 盘钻镶耳钉制作评价 ● 能根据评价要素对盘钻镶嵌的工艺进行评价 ● 能根据评价要素对盘钻镶耳钉的金属表面质量进行评价	12. 盘钻镶耳钉评价要素 ● 描述盘钻镶的工艺评价要素 ● 简述盘钻镶耳钉的金属表面质量评价要素	

（续表）

学习任务	技能与学习要求	知识与学习要求	参考学时
9. 公主方宝石轨道镶吊坠制作	1. 轨道镶吊坠图纸分析 ● 能看懂轨道镶吊坠的三视图和立体效果图，根据图纸分析产品的三维空间造型特点 ● 能分析轨道镶口的结构特点 ● 能分析轨道镶口与吊坠连接部位的结构特点 ● 能根据图纸要求，读取轨道镶口尺寸信息 ● 能根据图纸要求，读取吊坠主体尺寸信息 ● 能根据图纸，确定轨道镶吊坠的制作方案	1. 轨道镶吊坠的三维空间造型特点 ● 举例说明轨道镶吊坠的三维空间造型特点 2. 轨道镶吊坠的结构特点 ● 举例说明轨道镶口的结构特点 ● 举例说明轨道镶口与吊坠连接部位的结构特点 3. 轨道镶吊坠的尺寸要求 ● 简述轨道镶口的尺寸要求 ● 举例说明轨道镶吊坠主体的尺寸要求 4. 轨道镶吊坠的制作要求 ● 举例说明轨道镶吊坠的制作要求	20
	2. 选取轨道镶吊坠材料 ● 能根据镶口要求，测量、选取轨道镶口材料 ● 能根据图纸要求，测量、选取吊坠主体各部件材料	5. 轨道镶吊坠的材料要求 ● 描述轨道镶口的材料要求 ● 举例说明吊坠主体的材料要求	
	3. 轨道镶口和吊坠主体制作 ● 根据图纸尺寸要求，制作轨道镶口 ● 根据图纸尺寸要求，制作轨道镶吊坠主体各部件	6. 轨道镶口的制作方法和要求 ● 简述轨道镶口的制作方法 ● 描述轨道镶口的制作要求 7. 轨道镶吊坠主体的制作方法和步骤 ● 简述轨道镶吊坠主体的制作方法 ● 描述轨道镶吊坠主体的制作要求	
	4. 拼接轨道镶吊坠各部件 ● 能根据图纸要求，拼接轨道镶口、吊坠主体各部件	8. 轨道镶吊坠的拼接方法和技巧 ● 举例说明轨道镶吊坠的拼接方法 ● 简述轨道镶吊坠的焊接技巧	
	5. 轨道镶吊坠执模 ● 能根据图纸要求，完成轨道镶吊坠执模	9. 轨道镶吊坠的执模工具和要求 ● 列举轨道镶吊坠的执模工具 ● 简述轨道镶吊坠的执模要求	

(续表)

学习任务	技能与学习要求	知识与学习要求	参考学时
9. 公主方宝石轨道镶吊坠制作	6. 公主方宝石轨道镶嵌 ● 能根据镶口结构,选用相应的镶嵌工具 ● 能根据宝石造型特点,对公主方宝石轨道镶嵌车槽 ● 能根据图纸,完成公主方宝石镶嵌	10. 轨道镶嵌工具的名称和使用方法 ● 列举轨道镶嵌工具的名称 ● 简述轨道镶嵌工具的使用方法 11. 公主方宝石轨道镶嵌车槽的方法和镶石技巧 ● 描述公主方宝石轨道镶嵌车槽的方法 ● 描述公主方宝石轨道的镶石技巧	
	7. 轨道镶吊坠抛光 ● 能根据要求,完成公主方宝石轨道镶吊坠抛光	12. 轨道镶吊坠抛光的方法与要求 ● 举例说明轨道镶吊坠的抛光方法 ● 简述轨道镶吊坠抛光的要求	
	8. 轨道镶吊坠评价 ● 能根据评价要素对轨道镶嵌的工艺进行评价 ● 能根据评价要素对轨道镶吊坠的金属表面质量进行评价	13. 公主方宝石轨道镶吊坠的评价要素 ● 描述轨道镶的工艺评价要素 ● 简述轨道镶吊坠的金属表面质量评价要素	
总学时			144

五、 实施建议

(一) 教材编写与选用建议

1. 应依据本课程标准编写教材或选用教材,从国家和市级教育行政部门发布的教材目录中选用教材,优先选用国家和市级规划教材。

2. 教材要充分体现育人功能,紧密结合教材内容、素材,有机融入课程思政要求,将课程思政内容与专业知识、技能有机统一。

3. 应树立以学生为中心的教材观,在设计教材结构和组织教材内容时遵循中职学生的认知特点与学习规律。

4. 教材编写应以首饰起版师、首饰镶嵌师所需的贵金属首饰制作与镶嵌能力为逻辑线索,按照职业能力培养由易到难、由简单到复杂、由单一到综合的规律,搭建教材的结构框架,确定教材各部分的目标、内容,并进行相应的任务、活动设计等,从而建立起一个结构清晰、层次分明的教材内容体系。

5. 教材在整体设计和内容选取时,要注重引入珠宝首饰行业发展的新业态、新知识、新技术、新方法,贴近工作实际,体现先进性和实用性,创设或引入职业情境,增强教材的职场感。

6. 教材应以学生为本,增强对学生的吸引力,贴近学生生活、贴近职场,采用生动活泼的、学生乐于接受的语言、图表、视频、动画等形式来呈现内容,让学生在使用教材时有亲切感、真实感。

(二)教学实施建议

1. 切实推进课程思政在教学中的有效落实,寓价值观引导于知识传授和能力培养之中,帮助学生塑造正确的世界观、人生观、价值观。深入梳理教学内容,结合课程特点,充分挖掘课程内容中的思政元素,把思政教学与专业知识、技能教学融为一体,达到润物无声的育人效果。

2. 充分体现职业教育“实践导向、任务引领、理实一体、做学合一”的课改理念,紧密联系珠宝首饰企业生产实际,以首饰镶嵌典型任务为载体,加强理论教学与实践教学的结合,充分利用各种实训场所与设备,促进教学方式转变。

3. 坚持以学生为中心的教学理念,充分尊重学生。教师应努力成为学生学习的组织者、指导者和同伴,遵循学生的认知特点和学习规律,以“学”为中心设计和组织教学活动。

4. 改变传统的灌输式教学,充分调动学生学习的积极性、能动性,采取灵活多样的教学方式,积极探索自主学习、合作学习、探究式学习、问题导向式学习、体验式学习、混合式学习等体现教学新理念的教学方式。

5. 有效利用现代信息技术手段,结合教学内容,使用首饰 3D 模型、视频等媒介,改进教学方法与手段,提升教学效果。

6. 注重培养学生良好的学习习惯,把法治意识、规范意识、安全意识、质量意识和工匠精神、创新思维融入教学活动,促进学生综合职业素养的养成。

(三)教学评价建议

1. 以课程标准为依据,开展基于标准的教学评价。

2. 以评促教、以评促学,通过课堂教学及时评价,不断改进教学手段。

3. 教学评价始终坚持德技并重的原则,构建德技融合的专业课教学评价体系,把德育和职业素养的评价内容与要求细化为具体的评价指标,有机融入专业知识与技能的评价指标体系,形成可观察、可测量的评价量表,综合评价学生学习情况。通过有效评价,在日常教学中不断促进学生良好思想品德和职业素养的形成。

4. 注重日常教学中对学生学习的评价,充分利用多种过程性评价工具,如评价表、记录袋等,积累过程性评价数据,形成过程性评价与终结性评价相结合的评价模式。

5. 在日常教学中开展对学生学习的评价时，充分利用信息化手段，使用各类较成熟的教育评价平台，探索教育数字化转型背景下的评价模式。

（四）资源利用建议

1. 开发适合教学使用的多媒体教学资源库和多媒体教学课件。幻灯片、投影、操作录屏、微课等资源有利于创设形象生动的学习情境，激发学生的学习兴趣，促进学生对专业知识的理解和掌握。建议加强常用首饰制作与镶嵌课程资源的开发，建立线上、线下课程资源的数据库，努力实现学校间的课程资源共享。

2. 积极开发和利用网络课程资源，引导学生善用丰富的在线资源，自主学习与首饰起版师、首饰镶嵌师岗位所需能力相关的指导视频；充分利用电子期刊、数字图书馆、教育网站和网络论坛等资源，使教学媒体从单一媒体向多媒体转变，教学活动从信息的单向传递向双向交换转变，学习方式从单独学习向合作学习转变。

3. 产学合作开发专业课程实训资源，充分利用珠宝首饰行业典型资源，加强与珠宝首饰生产企业的合作，建立实习实训基地，满足学生的实习实训需求。

4. 建立首饰手工制作实训室，鼓励学生利用课余时间到实训室进行首饰制作艺术创作，将教学与培训合一、实训与创作合一，满足学生首饰设计与制作相关职业能力培养的要求。

首饰雕蜡课程标准

▍课程名称

首饰雕蜡

▍适用专业

中等职业学校首饰设计与制作专业

一、 课程性质

首饰雕蜡是中等职业学校首饰设计与制作专业的一门专业核心课程,也是该专业的一门专业必修课程。其功能是使学生掌握首饰雕蜡的基本知识和基本应用技能。本课程是首饰创意设计课程的后续课程,承担着首饰设计与首饰失蜡浇铸之间的桥梁作用,也为学生后续艺术创作打下基础。

二、 设计思路

本课程的总体设计思路是:遵循任务引领、理实一体的原则,根据首饰设计与制作专业的工作任务与职业能力分析结果,以首饰雕蜡相关工作任务为依据而设置。

课程内容紧紧围绕首饰雕蜡所需的职业能力培养的需要,选取了首饰铸造工艺基础知识、图纸分析、蜡材与工具选用、蜡版制作、雕蜡成品工艺评价等内容,遵循适度够用的原则,确定相关理论知识、专业技能与要求,并融入"1 + X"贵金属首饰制作与检验职业技能等级证书(初级)的相关考核要求。

课程内容组织以首饰雕蜡的典型任务为主线,从易到难,设有选用雕蜡材料和工具、素圈戒指蜡版制作、包边镶首饰蜡版制作、齿镶首饰蜡版制作、雕件首饰蜡版制作、创意首饰蜡版制作6 个学习任务。以任务为引领,通过任务整合相关知识、技能与职业素养。

本课程建议学时数为 72 学时。

三、 课程目标

通过本课程的学习,学生能具备首饰雕蜡的基本理论知识,掌握首饰雕蜡的基本技能,遵守首饰雕蜡操作安全规范、分析图纸特点、选用蜡材和工具,运用锯切、镂空、雕刻、熔蜡、堆蜡、锉修、抛削、砂磨、抛光等技法,制作基础款首饰蜡版,达到首饰雕蜡岗位的基本要求,具体达成以下职业素养和职业能力目标。

（一）职业素养目标

- 遵纪守法、爱岗敬业、诚实守信，自觉遵守与珠宝首饰行业相关的职业道德和法律法规、行业规定。

- 热爱首饰设计与制作，逐渐养成科学健康、积极向上的审美情趣，在学习实践中不断提升艺术修养，具备一定的三维空间意识和造型能力。

- 逐渐养成认真负责、严谨细致、专注耐心、精益求精的职业态度，增强对中国传统艺术的热爱，传承和弘扬中华优秀传统文化，在创作中勇于创新。

- 能在首饰雕蜡中做好安全防护，遵守操作规范，爱惜工具、节约材料，注意环境保护。

- 树立团队合作意识，具备良好的人际沟通能力。

（二）职业能力目标

- 能分析图纸特点，确定首饰蜡版制作方案。

- 能根据制作要求，合理选用蜡材和工具。

- 能准确上稿，将设计稿标记或固定到蜡材上。

- 能根据制作要求，运用锯切、镂空、雕刻、熔蜡、堆蜡、锉修、抛削、砂磨、抛光等技法完成首饰雕蜡创作。

- 能综合运用雕蜡技法制作素圈戒指蜡版。

- 能综合运用雕蜡技法制作基础款包边镶首饰蜡版。

- 能综合运用雕蜡技法制作基础款齿镶首饰蜡版。

- 能综合运用雕蜡技法制作基础款雕件首饰蜡版。

- 能综合运用雕蜡技法制作创意首饰蜡版。

- 能对首饰蜡版作品进行工艺评价。

四、 课程内容与要求

学习任务	技能与学习要求	知识与学习要求	参考学时
1. 选用雕蜡材料和工具	1. 识别首饰雕蜡工艺 ● 能识别首饰雕蜡工艺	1. 首饰铸造工艺 ● 概述首饰铸造工艺的概念 2. 首饰铸造工艺发展历程 ● 说出古代首饰铸造工艺的发展历程 3. 现代失蜡浇铸工艺流程 ● 简述失蜡浇铸工艺流程 4. 首饰雕蜡工艺 ● 简述首饰雕蜡工艺的特点	4

学习任务	技能与学习要求	知识与学习要求	参考学时
1. 选用雕蜡材料和工具	2. 遵守首饰雕蜡操作规范 ● 能在操作前严格做好安全防护 ● 能严格遵守首饰雕蜡车间操作规范 ● 能在首饰雕蜡过程中按要求收集粉尘和回收余料	5. 首饰雕蜡车间操作规范 ● 描述首饰雕蜡操作安全防护要求 ● 描述首饰雕蜡车间操作规范 6. 首饰雕蜡绿色生产要求 ● 简述首饰雕蜡过程中的粉尘收集要求 ● 简述首饰雕蜡过程中的环境保护要求	
	3. 识别和选用蜡材 ● 能识别蜡材的种类 ● 能根据需要选用蜡材 ● 能安全保管蜡材	7. 首饰用蜡的基本性质和种类 ● 说出首饰用蜡的基本性质 ● 说出首饰用蜡的种类 8. 首饰用蜡的保管与携带 ● 说出首饰用蜡的保管要求 ● 说出首饰用蜡的携带要求	
	4. 识别和选用蜡材划线工具 ● 能选用识别划线工具 ● 能根据需要选用划线工具	9. 划线工具的类型 ● 列举蜡材划线工具的类型	
	5. 识别和选用蜡材测量工具 ● 能识别蜡材测量工具 ● 能根据需要选用蜡材测量工具	10. 蜡材测量工具的类型和用途 ● 列举蜡材测量工具的类型 ● 列举蜡材测量工具的用途	
	6. 识别和选用雕蜡刀 ● 能识别和选用雕蜡刀	11. 雕蜡刀的类型 ● 简述雕蜡刀的类型 ● 简述不同雕蜡刀的用途	
	7. 识别和选用戒指刨 ● 能识别戒指刨 ● 能根据需要选用戒指刨	12. 戒指刨的形状和用途 ● 简述戒指刨的形状 ● 简述戒指刨的用途	
	8. 识别和选用蜡材锯切工具 ● 能识别蜡材锯切工具 ● 能根据需要选用蜡材锯切工具	13. 锯弓和锯条的种类 ● 简述首饰锯弓的种类 ● 简述蜡锯条的种类	
	9. 识别和选用蜡材锉磨工具 ● 能识别蜡锉的类型 ● 能根据需要选用蜡材锉磨工具	14. 蜡锉的种类和用途 ● 说出蜡锉的种类 ● 简述不同蜡锉的用途 15. 金工锉的用途 ● 简述金工锉的用途	

（续表）

学习任务	技能与学习要求	知识与学习要求	参考学时
1. 选用雕蜡材料和工具	10. 识别和选用焊蜡设备 ● 能识别焊蜡设备 ● 能根据需要选用焊蜡设备	16. 焊蜡设备的类型和结构 ● 说出焊蜡机的基本结构 ● 说出可调温电烙铁的基本结构	
	11. 识别和选用打磨设备和耗材 ● 能识别打磨设备和耗材 ● 能分析吊机的结构 ● 能根据需要选用打磨设备配套针头 ● 能根据需要选用蜡材打磨用砂纸	17. 雕蜡打磨设备的类型和结构 ● 简述吊机的基本结构 ● 简述台式打磨机的基本结构 18. 打磨设备配套针头的种类 ● 列举常见打磨设备配套针头的种类 19. 蜡材打磨用砂纸的类型和目数 ● 列举蜡材打磨用砂纸的类型 ● 列举蜡材打磨用砂纸的目数	
	12. 识别和选用蜡材抛光工具 ● 能识别蜡材抛光工具 ● 能根据需要选用蜡材抛光工具	20. 蜡材抛光工具的种类 ● 列举蜡材抛光工具的种类	
2. 素圈戒指蜡版制作	1. 素圈戒指图纸分析 ● 能根据图纸分析素圈戒指的结构特征 ● 能根据设计要求确定素圈戒指雕蜡制作方案	1. 素圈戒指的结构特点 ● 举例说明素圈戒指的结构特点 2. 素圈戒指的制作流程 ● 简述素圈戒指的制作流程	8
	2. 选用蜡材 ● 能根据图纸要求选用基础蜡坯的款型 ● 能换算蜡材和贵金属成品的重量 ● 能根据蜡材的收缩率，在尺寸计算时预留余量	3. 首饰用蜡坯的常用造型 ● 说出首饰用蜡坯的常用造型 4. 蜡材与金属的重量对应 ● 简述蜡材与金属的重量对应关系 5. 蜡材的收缩率 ● 说出蜡材收缩率的概念	
	3. 上稿 ● 能使用划线法将设计稿标记到蜡材上，划线清晰 ● 能使用扎点法将设计稿固定在蜡面上，扎点准确	6. 上稿的要求 ● 说出首饰蜡材上稿的要求 7. 上稿方法 ● 简述划线法的上稿方法 ● 简述扎点法的上稿方法	

学习任务	技能与学习要求	知识与学习要求	参考学时
2. 素圈戒指蜡版制作	4. 蜡材锯切 ● 能正确安装蜡锯条 ● 能使用锯弓按照标记出的切割线进行锯切 ● 能在切割线外预留执模余量	8. 蜡材锯切方法 ● 简述蜡锯条的安装方法 ● 简述蜡材锯切的操作要领 9. 蜡材锯切的预留执模余量 ● 说出蜡材锯切的预留执模余量	
	5. 蜡材锉修 ● 能选用蜡锉对造型进行初步锉修 ● 能选用蜡锉对局部细节进行锉修 ● 能锉修蜡戒指的外弧面 ● 能锉修蜡戒指的内弧面 ● 能锉修蜡戒指的侧平面	10. 蜡材平面锉修方法 ● 简述蜡材平面锉修方法 11. 蜡材弧面锉修方法 ● 简述蜡材外弧面锉修方法 ● 描述蜡材内弧面锉修方法	
	6. 蜡版刮削 ● 能选用雕蜡刀对侧平面进行刮削 ● 能选用雕蜡刀对弧面进行刮削	12. 雕蜡刀具的刮削方法 ● 描述使用雕蜡刀刮削平面的方法 ● 描述使用雕蜡刀刮削弧面的方法	
	7. 蜡版砂磨 ● 能使用不同目数砂纸依次进行砂磨 ● 能对戒指蜡版内弧面、外弧面、侧平面进行砂磨	13. 蜡材砂磨方法 ● 简述蜡材平面砂磨的操作方法 ● 简述蜡材弧面砂磨的操作方法	
	8. 蜡版抛光 ● 能选用抛光方法,对蜡版进行抛光	14. 擦拭法的材料与过程 ● 简述擦拭法的材料 ● 简述擦拭法抛光蜡版的过程 15. 热熔法的原理与过程 ● 解释热熔法抛光蜡版的原理 ● 简述热熔法抛光蜡版的过程	
	9. 素圈戒指蜡版工艺评价 ● 能根据评价要素对素圈戒指作品进行工艺评价	16. 戒指蜡版工艺评价要素 ● 描述戒指蜡版工艺评价的要素	
3. 包边镶首饰蜡版制作	1. 包边镶镶口图纸分析 ● 能根据图纸要求,分析包边镶镶口的结构特征 ● 能根据包边镶镶口结构确定镶口蜡版制作方案	1. 包边镶镶口结构 ● 描述包边镶镶口结构 2. 首饰包边镶镶口蜡版的制作流程 ● 简述包边镶镶口蜡版的制作流程	16

（续表）

学习任务	技能与学习要求	知识与学习要求	参考学时
3. 包边镶首饰蜡版制作	2. 选用包边镶首饰蜡材 ● 能根据图纸,选用包边镶首饰蜡坯材料	3. 包边镶镶口蜡材要求 ● 举例说明包边镶镶口蜡坯材料要求	
	3. 制作包边镶镶口蜡版 ● 能根据尺寸要求,使用划线法标记石位 ● 能使用打磨设备配合针头旋削 ● 能使用雕蜡刀开挖镶口底托 ● 能使用雕蜡刀修顺镶口内沿边角 ● 能使用雕蜡刀修顺镶口外壁 ● 能通过放置宝石的方法,在制作过程中检验底托形状和尺寸 ● 能使用砂纸对镶口内外进行打磨 ● 能使用工具对镶口内外进行抛光	4. 镶口定位方法 ● 举例说明包边镶镶口定位的方法 5. 使用打磨设备配合针头旋削的方法 ● 描述使用打磨设备配合针头旋削的方法 6. 使用雕蜡刀挖坑修角的方法 ● 描述使用雕蜡刀开挖底托的方法 ● 描述使用雕蜡刀修饰边角的方法 7. 包边镶镶口的形状和尺寸要求 ● 描述包边镶镶口的形状和尺寸要求	
	4. 综合运用技法,完成包边镶首饰蜡版作品 ● 能综合运用雕蜡工具,通过锯切、锉修、雕刻、打磨、抛光等操作,制作包边镶首饰蜡版主体 ● 能综合运用雕蜡工具和雕蜡技法,制作包边镶首饰蜡版作品	8. 包边镶首饰蜡版制作要求 ● 举例说明包边镶首饰蜡版制作要求	
	5. 包边镶首饰蜡版工艺评价 ● 能根据评价要素对包边镶首饰蜡版进行工艺评价	9. 包边镶首饰蜡版工艺评价要素 ● 描述包边镶首饰蜡版工艺评价的要素	
4. 齿镶首饰蜡版制作	1. 齿镶镶口图纸分析 ● 能根据图纸要求,分析齿镶镶口的结构特征 ● 能根据齿镶镶口结构确定镶口蜡版制作方案	1. 齿镶镶口结构 ● 描述齿镶镶口的结构 2. 首饰齿镶镶口蜡版的制作流程 ● 简述齿镶镶口蜡版的制作流程	16

学习任务	技能与学习要求	知识与学习要求	参考学时
4. 齿镶首饰蜡版制作	2. 选用齿镶镶口蜡材 ● 能根据图纸要求，选用齿镶镶口蜡坯材料	3. 齿镶镶口蜡材要求 ● 举例说明齿镶镶口蜡坯材料的要求	
	3. 蜡材补接 ● 能根据蜡材的熔化温度合理调节焊蜡机的温度设置 ● 能通过附加金属丝等方法，根据蜡材补接面积调节焊蜡机端头大小 ● 能使用焊蜡机对蜡材缺失处进行补蜡 ● 能使用焊蜡机将不同部件的蜡材连接成一体	4. 熔蜡的原理 ● 说出蜡材熔化温度与流动性的关系 ● 简述蜡材补接面积与焊蜡机端头大小的关系 5. 补蜡的方法 ● 简述补蜡的方法 6. 连接的方法 ● 简述蜡材连接的方法	
	4. 蜡材堆砌 ● 能使用焊蜡机将熔化的蜡滴进行堆蜡塑型 ● 能使用焊蜡机将少量蜡液在齿镶镶口处堆蜡制成爪齿 ● 能使用焊蜡机将微量蜡液在蜡版表面堆蜡点钉	7. 堆蜡的原理 ● 简述堆蜡的原理 8. 堆蜡塑型的过程 ● 简述堆蜡塑型的过程 9. 堆蜡制爪齿的方法 ● 简述堆蜡制爪齿的方法 10. 堆蜡点钉的方法 ● 说出堆蜡点钉的方法	
	5. 制作齿镶镶口 ● 能综合运用雕蜡工具，通过划线、锯切、锉修、雕刻、打磨、抛光等操作，制作齿镶镶口	11. 齿镶镶口的制作要求 ● 描述齿镶镶口的制作要求 12. 镶口锉修方法 ● 举例说明对镶口夹层、细节等位置进行锉修的方法 13. 镶口砂磨方法 ● 举例说明对镶口夹层、细节等位置进行打磨的方法 14. 镶口抛光方法 ● 举例说明对镶口夹层、细节等进行抛光的方法	

（续表）

学习任务	技能与学习要求	知识与学习要求	参考学时
4. 齿镶首饰蜡版制作	6. 综合运用技法，完成齿镶首饰蜡版制作 ● 能综合运用雕蜡工具和雕蜡技法，完成齿镶首饰蜡版主体制作 ● 能通过分件组合焊接等操作，完成蜡版制作	15. 分件摆坯方法 ● 简述分件摆坯方法 16. 分件组合焊接方法 ● 简述分件组合焊接方法	
	7. 齿镶首饰蜡版评价 ● 能根据评价要素对齿镶首饰蜡版进行工艺评价	17. 齿镶首饰蜡版工艺评价要素 ● 描述齿镶首饰蜡版工艺评价的要素	
5. 雕件首饰蜡版制作	1. 雕件首饰图纸分析 ● 能分析图纸中的图案特点，将二维图案转化为三维立体造型 ● 能根据图纸中图案特点，确定雕件首饰蜡版制作方案	1. 雕件首饰图纸分析方法 ● 举例说明二维图案转化为三维立体造型的分析过程 2. 雕件首饰蜡版的制作方案 ● 举例说明简单雕件首饰蜡版的制作方案	16
	2. 造型雕刻 ● 能根据图纸要求，使用雕蜡工具完成粗坯造型 ● 能使用雕蜡工具对粗坯进行精细雕刻 ● 能使用雕蜡工具对立体造型细节进行刮削	3. 首饰雕蜡的造型过程 ● 举例说明粗坯造型的过程 ● 举例说明精细雕刻的过程 4. 立体造型细节刮削的方法 ● 简述立体造型细节刮削的方法	
	3. 综合运用雕蜡技法完成作品 ● 能对较复杂部位进行锉修 ● 能对较复杂部位进行砂磨 ● 能对较复杂部位进行抛光	5. 较复杂部位的锉修过程 ● 举例说明较复杂内外面和细节的锉修过程 6. 较复杂部位的砂磨过程 ● 举例说明较复杂内外面和细节的砂磨过程 7. 较复杂内外部位的抛光过程 ● 举例说明较复杂内外面和细节的抛光过程	
	4. 首饰立体造型蜡版雕刻工艺评价 ● 能根据评价要素对首饰蜡版雕刻工艺进行评价	8. 首饰立体造型蜡版雕刻工艺评价要素 ● 描述首饰蜡版雕刻工艺评价的要素	

（续表）

学习任务	技能与学习要求	知识与学习要求	参考学时
6. 创意首饰蜡版制作	1. 创意首饰图纸分析 ● 能根据图纸要求，明确作品的三维空间造型特点 ● 能根据图纸要求，读取作品的外形尺寸、各部位尺寸和细节尺寸等尺寸信息 ● 能根据设计要求，确定创意首饰蜡版制作方案	1. 常见首饰的结构特点 ● 举例说明常见首饰的结构特点（如项坠、胸针、耳坠等）	12
	2. 综合选用工具和蜡材 ● 能根据制作方案合理选用工具 ● 能根据制作方案自制小工具 ● 能根据制作方案选用基础蜡坯款型	2. 自制小工具 ● 举例说明常见自制小工具的种类 ● 举例说明常见自制小工具的制作方法	
	3. 肌理制作 ● 能综合运用雕蜡技法，制作常见首饰肌理	3. 常见首饰肌理类型 ● 举例说明常见首饰肌理的类型 4. 首饰肌理的制作方法 ● 举例说明常见首饰肌理的蜡雕制作方法	
	4. 首饰蜡版综合制作 ● 能根据制作方案，综合运用首饰蜡版雕刻工艺，完成创作 ● 能在综合制作中，主动思考、持续探索，分析和解决问题	5. 首饰蜡版综合制作的要求 ● 举例说明首饰蜡版综合制作的要求	
	5. 首饰蜡版工艺全面评价 ● 能根据评价要素进行首饰蜡版全面工艺评价	6. 首饰蜡版全面工艺评价要素 ● 描述首饰蜡版全面工艺评价要素	
总学时			72

五、 实施建议

（一）教材编写与选用建议

1. 应依据本课程标准编写教材或选用教材，从国家和市级教育行政部门发布的教材目录中选用教材，优先选用国家和市级规划教材。

2. 教材要充分体现育人功能,紧密结合教材内容、素材,有机融入课程思政要求,将课程思政内容与专业知识、技能有机统一。

3. 应树立以学生为中心的教材观,在设计教材结构和组织教材内容时遵循中职学生的认知特点与学习规律。

4. 教材编写应以首饰雕蜡起版师所需的首饰雕蜡能力为逻辑线索,按照职业能力培养由易到难、由简单到复杂、由单一到综合的规律,搭建教材的结构框架,确定教材各部分的目标、内容,并进行相应的任务、活动设计等,从而建立起一个结构清晰、层次分明的教材内容体系。

5. 教材在整体设计和内容选取时,要注重引入珠宝首饰行业发展的新业态、新知识、新技术、新方法,贴近工作实际,体现先进性和实用性,创设或引入职业情境,增强教材的职场感。

6. 教材应以学生为本,增强对学生的吸引力,贴近学生生活、贴近职场,采用生动活泼的、学生乐于接受的语言、图表、视频、动画等形式来呈现内容,让学生在使用教材时有亲切感、真实感。

(二) 教学实施建议

1. 切实推进课程思政在教学中的有效落实,寓价值观引导于知识传授和能力培养之中,帮助学生塑造正确的世界观、人生观、价值观。深入梳理教学内容,结合课程特点,充分挖掘课程内容中的思政元素,把思政教学与专业知识、技能教学融为一体,达到润物无声的育人效果。

2. 充分体现职业教育"实践导向、任务引领、理实一体、做学合一"的课改理念,紧密联系珠宝首饰企业生产实际,以首饰雕蜡典型任务为载体,加强理论教学与实践教学的结合,充分利用各种实训场所与设备,促进教学方式转变。

3. 坚持以学生为中心的教学理念,充分尊重学生。教师应成为学生学习的组织者、指导者和同伴,遵循学生的认知特点和学习规律,以"学"为中心设计和组织教学活动。

4. 改变传统的灌输式教学,充分调动学生学习的积极性、能动性,采取灵活多样的教学方式,积极探索自主学习、合作学习、探究式学习、问题导向式学习、体验式学习、混合式学习等体现教学新理念的教学方式。

5. 有效利用现代信息技术手段,结合教学内容,使用首饰雕蜡图片、视频等媒介,改进教学方法与手段,提升教学效果。

6. 注重培养学生良好的学习习惯,把法治意识、规范意识、安全意识、质量意识和工匠精神、创新思维融入教学活动,促进学生综合职业素养的养成。

（三）教学评价建议

1. 以课程标准为依据，开展基于标准的教学评价。

2. 以评促教、以评促学，通过课堂教学及时评价，不断改进教学手段。

3. 教学评价始终坚持德技并重的原则，构建德技融合的专业课教学评价体系，把德育和职业素养的评价内容与要求细化为具体的评价指标，有机融入专业知识与技能的评价指标体系，形成可观察、可测量的评价量表，综合评价学生学习情况。通过有效评价，在日常教学中不断促进学生良好思想品德和职业素养的形成。

4. 注重日常教学中对学生学习的评价，充分利用多种过程性评价工具，如评价表、记录袋等，积累过程性评价数据，形成过程性评价与终结性评价相结合的评价模式。

5. 在日常教学中开展对学生学习的评价时，充分利用信息化手段，使用各类较成熟的教育评价平台，探索教育数字化转型背景下的评价模式。

（四）资源利用建议

1. 开发适合教学使用的多媒体教学资源库和多媒体教学课件。幻灯片、投影、操作录屏、微课等资源有利于创设形象生动的学习情境，激发学生的学习兴趣，促进学生对专业知识的理解和掌握。建议加强常用首饰雕蜡课程资源的开发，建立线上、线下课程资源的数据库，努力实现学校间的课程资源共享。

2. 积极开发和利用网络课程资源，引导学生善用丰富的在线资源，自主学习与首饰雕蜡起版师岗位所需能力相关的指导视频；充分利用电子期刊、数字图书馆、教育网站和网络论坛等资源，使教学媒体从单一媒体向多媒体转变，教学活动从信息的单向传递向双向交换转变，学习方式从单独学习向合作学习转变。

3. 产学合作开发专业课程实训资源，充分利用珠宝首饰行业典型资源，加强与珠宝首饰生产企业的合作，建立实习实训基地，满足学生的实习实训需求。

4. 建立首饰雕蜡实训室，鼓励学生利用课余时间到实训室进行首饰雕蜡艺术创作，将教学与培训合一、实训与创作合一，满足学生首饰设计与制作相关职业能力培养的要求。

珠宝玉石鉴定课程标准

课程名称

珠宝玉石鉴定

适用专业

中等职业学校首饰设计与制作专业

一、 课程性质

珠宝玉石鉴定是中等职业学校首饰设计与制作专业的一门专业核心课程,也是该专业的一门专业必修课程。其功能是使学生掌握珠宝玉石鉴定的基本知识和应用技能,具备从事珠宝检测相关工作的职业能力,也为学生从事珠宝首饰设计、珠宝加工、珠宝营销等工作打下基础。

二、 设计思路

本课程的总体设计思路是:遵循任务引领、理实一体、做学合一的原则,根据珠宝检测相关职业岗位的工作任务与职业能力分析结果,以珠宝玉石检测相关工作所需的职业能力为依据而设置。

课程内容紧紧围绕珠宝玉石检测工作领域职业能力的要求,选取了宝石结晶学基础、宝石的肉眼观察特征、宝石鉴定仪器的使用、常见宝石的鉴定、常见玉石的鉴定、常见有机宝石的鉴定、常见人工宝石和优化处理宝石的鉴定等内容,遵循适度够用的原则,确定相关理论知识、专业技能与要求,并融入"1 + X"珠宝玉石鉴定职业技能等级证书(初级)的相关考核要求。

课程内容组织按照职业能力发展的规律,以珠宝玉石检测的典型工作任务为线索,对所涵盖的工作任务进行分析、转化和有序排列,设有分析晶体、识别矿物、识别宝石特征、使用仪器鉴定宝石、鉴定常见宝石、鉴定常见玉石、鉴定常见有机宝石、鉴定常见人工宝石和优化处理宝石8个学习任务。以任务为引领,通过任务整合相关知识、技能与职业素养。

本课程建议学时数为 144 学时。

三、 课程目标

通过本课程的学习,学生能具备珠宝检测的基本理论知识,掌握珠宝玉石鉴定的一般流程,通过肉眼观察和熟练使用常规检测仪器准确鉴定常见宝石、常见玉石、常见有机宝石,达到"1＋X"珠宝玉石鉴定职业技能等级证书(初级)的相关考核要求,具体达成以下职业素养和职业能力目标。

(一) 职业素养目标

- 遵纪守法、爱岗敬业、诚实守信,自觉遵守与珠宝首饰行业相关的职业道德和法律法规、行业规定。

- 热爱珠宝玉石检测,遵守职业道德规范和行为准则。

- 逐渐养成认真负责、严谨细致、实事求是、专注耐心、精益求精的职业态度,传承和弘扬中华优秀传统文化,树立文化自信。

- 能在珠宝玉石检测中遵守操作规范,爱护仪器、节约材料,做好安全防护,注意环境保护。

- 具备良好的语言表达能力、沟通合作能力,具有较强的团队合作意识。

(二) 职业能力目标

- 能准确描述晶体的基本性质。

- 能准确区分晶体与非晶体。

- 能准确识别常见单形和聚形。

- 能识别常见宝玉石矿物形态。

- 能按要求对宝石进行准确分类。

- 能通过肉眼观察准确描述宝石的颜色、光泽、透明度和特殊光学效应等性质。

- 能运用常规仪器准确检测并规范记录宝石的折射率、双折率、吸收光谱、光性特征、多色性、相对密度、包裹体特征等。

- 能准确鉴定常见宝石并根据国家标准确定名。

- 能准确鉴定常见玉石并根据国家标准确定名。

- 能准确鉴定常见有机宝石并根据国家标准确定名。

- 能根据宝石的特征完成宝石质量的初步评价。

- 能识别常见的人工宝石。

四、 课程内容与要求

学习任务	技能与学习要求	知识与学习要求	参考学时
1. 分析晶体	1. 晶体与非晶体的区分 ● 能根据外形等性质区分晶体和非晶体	1. 晶体的定义和基本性质 ● 记住晶体和非晶体的定义 ● 说出晶体的基本性质	20
	2. 晶体对称分析 ● 能找出晶体的对称轴、对称面和对称中心 ● 能分析晶体的对称型 ● 能根据分类原则对晶体进行准确分类	2. 晶体的对称要素 ● 说出对称轴、对称面和对称中心的定义与特征 3. 晶体对称型的定义 ● 说出晶体对称型的定义 4. 晶体的分类原则和类型 ● 记住晶体的分类原则 ● 说出晶体的类型 5. 七大晶系的晶体常数特点 ● 记住七大晶系的晶体常数特点	
	3. 晶体单形分析 ● 能找出单形的对称要素 ● 能根据对称要素分析单形的对称型 ● 能根据对称型、晶面形状和数量确认单形名称	6. 晶体的单形 ● 说出单形的定义 ● 记住常见单形名称	
	4. 晶体聚形分析 ● 能找出聚形的对称要素 ● 能根据对称要素分析聚形的对称型 ● 能根据特征找出组成聚形的单形种类及数量	7. 晶体的聚形 ● 说出聚形的定义 ● 说出单形相聚的一般规律	
	5. 双晶分析 ● 能根据特征识别双晶类型	8. 晶体的规则连生 ● 说出晶体的规则连生的一般规律 9. 双晶的特征 ● 说出双晶的定义 ● 说出双晶的主要类型 ● 说出双晶的特征	
2. 识别矿物	1. 矿物分类 ● 能根据化学成分特点对矿物进行准确分类	1. 矿物的定义和晶体化学分类 ● 说出矿物的定义 ● 说出矿物的晶体化学分类	12

学习任务	技能与学习要求	知识与学习要求	参考学时
2. 识别矿物	2. 类质同象和同质多象识别 ● 能根据化学成分区分类质同象宝石 ● 能根据化学成分区分同质多象宝石 3. 矿物的特征识别 ● 能判断常见矿物中水的类型 ● 能识别矿物单体的形态 ● 能识别矿物集合体的形态 ● 能识别常见宝石矿物的形态	2. 类质同象的定义和条件 ● 说出类质同象的定义 ● 说出类质同象的条件 3. 同质多象的定义 ● 说出同质多象的定义 4. 矿物中水的常见类型 ● 说出矿物中水的常见类型 5. 矿物的形态 ● 说出矿物的形态	
3. 识别宝石特征	1. 宝石分类 ● 能根据国家标准《珠宝玉石名称》对宝石进行准确分类 2. 宝石名称规范性的判断 ● 能根据国家标准《珠宝玉石名称》准确判断天然宝石、天然玉石、天然有机宝石名称的规范性 ● 能根据国家标准《珠宝玉石名称》准确判断合成宝石、人造宝石、再造宝石和拼合宝石名称的规范性 3. 解理、裂理与断口识别 ● 能通过观察识别宝石的解理、裂理和断口类型 ● 能通过观察解理特征初步区分宝石 ● 能应用解理特征指导宝石切磨和加工	1. 宝石的基本特征 ● 记住宝石的基本特征 2. 宝石分类术语 ● 说出天然宝石、天然玉石和天然有机宝石的定义 ● 说出合成宝石、人造宝石、再造宝石和拼合宝石的定义 3. 宝石的定名规则 ● 简述天然宝石、天然玉石和天然有机宝石的定名规则 ● 简述人工宝石的定名规则 4. 宝石定名特例 ● 解释宝石定名特例 5. 解理的定义和分类 ● 说出解理的定义和分类 ● 说出典型宝石的解理特征 6. 裂理的定义和特征 ● 说出裂理的定义 ● 说出典型宝石的裂理特征 7. 断口的定义和类型 ● 说出断口的定义 ● 说出断口的类型	12

（续表）

学习任务	技能与学习要求	知识与学习要求	参考学时
3. 识别宝石特征	4. 硬度识别、测试与应用 ● 能通过观察初步判断宝石的硬度 ● 能使用硬度笔测试宝石的摩氏硬度 ● 能通过观察硬度特征初步区分宝石 ● 能应用硬度特征指导宝石的切磨和加工	8. 硬度的定义和分类 ● 说出硬度的定义 ● 解释硬度的分类 9. 摩氏硬度的定义和代表性矿物 ● 解释摩氏硬度的定义 ● 记住摩氏硬度计的 10 种代表矿物 10. 差异硬度的定义和典型宝石 ● 解释差异硬度的定义 ● 记住具有差异硬度的典型宝石	
	5. 韧性与脆性识别 ● 能通过观察初步判断宝石的韧性大小 ● 能通过观察初步判断宝石的脆性大小	11. 韧性的定义 ● 解释韧性的定义 ● 记住韧性较好的典型宝石 12. 脆性的定义和典型宝石 ● 解释脆性的定义 ● 记住脆性较大的典型宝石	
	6. 颜色描述 ● 能通过观察准确描述并记录宝石颜色	13. 颜色的分类与成因 ● 说出宝石颜色的分类 ● 解释宝石对光的选择性吸收 14. 宝石中常见的主要致色元素 ● 记住宝石中常见的主要致色元素	
	7. 自色宝石与他色宝石识别 ● 能根据化学成分和致色元素区分自色宝石和他色宝石	15. 自色宝石的定义和致色元素 ● 解释自色宝石的定义 ● 记住常见的自色宝石和致色元素 16. 他色宝石的定义和致色元素 ● 解释他色宝石的定义 ● 记住常见的他色宝石和致色元素	
	8. 光泽描述 ● 能通过观察准确描述并记录宝石的光泽	17. 光泽的定义 ● 说出光泽的定义 ● 说出影响光泽的主要因素 18. 光泽的类型和特殊光泽 ● 说出光泽的主要类型 ● 记住常见特殊光泽及代表宝石	

学习任务	技能与学习要求	知识与学习要求	参考学时
3. 识别宝石特征	9. 透明度描述 ● 能通过观察准确描述并记录宝石的透明度	19. 透明度的定义和级别 ● 说出透明度的定义 ● 说出透明度的级别和划分依据 20. 影响宝石透明度的主要因素 ● 解释影响宝石透明度的主要因素	
	10. 色散识别 ● 能通过观察初步判断宝石的色散强弱 ● 能通过观察识别典型强色散宝石	21. 色散的定义和级别 ● 说出色散的定义 ● 解释色散的级别 22. 典型宝石的色散 ● 记住典型宝石的色散	
	11. 异常双折射识别 ● 能通过观察准确判断宝石的异常双折射	23. 单折射与双折射的定义 ● 说出单折射宝石的定义 ● 解释异常双折射的定义	
	12. 多色性描述 ● 能描述宝石的多色性	24. 多色性的定义 ● 说出宝石多色性的定义 25. 多色性的类型 ● 说出宝石的二色性的定义 ● 说出宝石的三色性的定义	
	13. 发光性识别与应用 ● 能通过观察准确识别宝石发光性 ● 能应用发光性特征鉴定宝石	26. 发光性的定义和类型 ● 说出宝石发光性的定义 ● 说出宝石发光性的类型	
	14. 特殊光学效应识别 ● 能通过观察准确识别宝石的猫眼效应 ● 能通过观察准确识别宝石的星光效应 ● 能通过观察准确识别宝石的变彩效应	27. 特殊光学效应的定义和类型 ● 说出特殊光学效应的定义 ● 说出特殊光学效应的类型 28. 猫眼效应的定义和成因 ● 说出猫眼效应的定义和成因 ● 列举具猫眼效应的典型宝石 29. 星光效应的定义和成因	

（续表）

学习任务	技能与学习要求	知识与学习要求	参考学时
3. 识别宝石特征	● 能通过观察准确识别宝石的砂金效应 ● 能通过观察准确识别宝石的变色效应	● 说出星光效应的定义和成因 ● 列举具星光效应的典型宝石 30. 变彩效应的定义和成因 ● 说出变彩效应的定义和成因 ● 列举具变彩效应的典型宝石 31. 砂金效应的定义和成因 ● 说出砂金效应的定义和成因 ● 列举具砂金效应的典型宝石 32. 变色效应的定义和成因 ● 说出变色效应的定义和成因 ● 列举具变色效应的典型宝石	
	15. 导热性测试 ● 能通过导热性特征鉴定区分钻石和仿制品	33. 导热性的定义和典型宝石 ● 说出宝石导热性的定义 ● 记住典型宝石的导热性特征	
	16. 导电性描述 ● 能根据钻石类型准确描述钻石的导电性	34. 导电性的定义和典型宝石 ● 说出宝石导电性的定义 ● 记住具导电性的典型宝石	
	17. 宝石内含物识别 ● 能通过观察到的包裹体形态和位置等信息判断包裹体的类型 ● 能灵活运用常用方法观察并准确描述和记录宝石内含物特征	35. 内含物的定义和分类 ● 说出内含物的定义 ● 简述原生、同生和后生包裹体的定义和特征 36. 宝石中典型包裹体的特征 ● 记住宝石中典型包裹体的特征	
	18. 宝石的琢型识别 ● 能通过观察准确识别宝石琢型并规范记录	37. 宝石琢型的分类 ● 说出宝石琢型的主要名称	
4. 使用仪器鉴定宝石	1. 折射仪使用 ● 能熟练使用折射仪测试并记录均质体宝石的折射率值 ● 能熟练使用折射仪测试并记录非均质体宝石的折射率值和双折射率值 ● 能熟练使用折射仪判断高折射率宝石	1. 折射仪的结构和原理 ● 说出折射仪的主要结构 ● 解释折射仪的工作原理 2. 折射仪的操作步骤 ● 记住折射仪的操作步骤 ● 记住近似折射率的测试步骤 3. 宝石在折射仪上的现象 ● 说出均质体、一轴晶、二轴晶宝石在折射仪上的现象	20

学习任务	技能与学习要求	知识与学习要求	参考学时
4. 使用仪器鉴定宝石	● 能熟练应用点测法检测并记录宝石的近似折射率值	● 说出高折射率宝石在折射仪上的现象 4. 折射仪的主要用途和局限性 ● 说出折射仪的主要用途 ● 说出折射仪的局限性 5. 折射仪测试的注意事项 ● 说出折射仪测试的注意事项	
	2. 分光镜使用 ● 能熟练使用分光镜观察并准确记录宝石的吸收光谱 ● 能通过观察宝石的吸收光谱初步判断宝石的致色元素 ● 能通过观察典型吸收光谱特征鉴定宝石品种	6. 分光镜的工作原理 ● 说出宝石吸收光谱的定义 ● 解释分光镜的工作原理 7. 分光镜的结构 ● 说出棱镜式分光镜的主要结构 ● 说出光栅式分光镜的主要结构 8. 分光镜的适用范围和操作步骤 ● 说出分光镜的适用范围 ● 说出透射法、表面反射法、内反射法观察宝石吸收光谱的操作步骤 9. 典型宝石的吸收光谱特征 ● 记住典型宝石的吸收光谱特征 10. 分光镜的主要用途 ● 说出分光镜的主要用途	
	3. 二色镜使用 ● 能熟练使用二色镜观察并记录宝石的多色性特征 ● 能通过观察区分宝石的二色性和三色性	11. 二色镜的结构 ● 说出二色镜的主要结构 12. 二色镜的操作步骤和主要用途 ● 记住二色镜的操作步骤 ● 说出二色镜的主要用途 13. 常见宝石的多色性特征 ● 记住常见宝石的多色性特征	
	4. 偏光镜使用 ● 能熟练使用偏光镜观察并记录宝石的消光类型 ● 能通过消光类型准确辨别宝石的光性特征 ● 能使用干涉球观察宝石的干涉图并初步判断宝石的轴性 ● 能准确区分宝石的异常消光现象和四明四暗现象	14. 偏光镜的结构和工作原理 ● 说出偏光镜的主要结构 ● 解释偏光镜的工作原理 15. 偏光镜的操作步骤和主要用途 ● 记住偏光镜的操作步骤 ● 说出干涉球的操作步骤 16. 偏光镜的主要用途和注意事项 ● 说出偏光镜的主要用途 ● 说出偏光镜的注意事项	

（续表）

学习任务	技能与学习要求	知识与学习要求	参考学时
4. 使用仪器鉴定宝石	5. 滤色镜使用 ● 能熟练使用查尔斯滤色镜观察并记录现象 ● 能辨识查尔斯滤色镜下的典型特征	17. 查尔斯滤色镜的结构和原理 ● 说出查尔斯滤色镜的主要结构 ● 解释查尔斯滤色镜的基本原理 18. 查尔斯滤色镜的操作步骤和主要用途 ● 说出查尔斯滤色镜的操作步骤 ● 说出查尔斯滤色镜的主要用途	
	6. 紫外荧光灯使用 ● 能熟练使用紫外荧光灯观察并准确记录宝石的紫外荧光和紫外磷光现象 ● 能通过观察判断荧光的级别 ● 能辨识典型的发光现象	19. 紫外荧光灯的结构 ● 说出荧光和磷光的定义与区别 ● 说出紫外荧光灯的主要结构 20. 紫外荧光灯的操作步骤和主要用途 ● 说出紫外荧光灯的操作步骤和主要用途 ● 记住典型宝石的发光特征	
	7. 10 倍放大镜使用 ● 能熟练使用 10 倍放大镜观察并记录宝石的内部特征 ● 能熟练使用 10 倍放大镜观察并记录宝石的外部特征	21. 10 倍放大镜的类型和结构 ● 说出 10 倍放大镜的常见类型 ● 说出 10 倍放大镜的主要结构 22. 10 倍放大镜的操作步骤和主要用途 ● 说出 10 倍放大镜的操作步骤 ● 说出 10 倍放大镜的主要用途	
	8. 宝石显微镜使用 ● 能根据需要灵活使用宝石显微镜的不同照明方式 ● 能熟练使用宝石显微镜观察并记录宝石的内部特征 ● 能熟练使用宝石显微镜观察并记录宝石的外部特征	23. 宝石显微镜的基本结构和照明方式 ● 说出宝石显微镜的基本结构 ● 记住宝石显微镜的主要照明方式 24. 宝石显微镜的操作步骤和主要用途 ● 记住宝石显微镜的操作步骤 ● 说出宝石显微镜的主要用途	
	9. 电子天平使用 ● 能熟练使用电子天平称量并记录数据 ● 能熟练运用公式准确计算宝石的相对密度值	25. 电子天平的基本原理 ● 说出静水称重法的工作原理 ● 记住宝石相对密度的计算公式 26. 电子天平的操作步骤和注意事项 ● 记住电子天平的操作步骤 ● 说出静水称重测试过程中的注意事项 27. 常见宝玉石的相对密度值 ● 记住常见宝玉石的相对密度值	

(续表)

学习任务	技能与学习要求	知识与学习要求	参考学时
4. 使用仪器鉴定宝石	10. 重液法应用 ● 能熟练使用重液法准确判断宝石的相对密度范围	28. 重液法的原理和操作步骤 ● 解释重液法的原理 ● 说出重液法的操作步骤 29. 重液法的注意事项 ● 说出重液法的注意事项	
	11. 热导仪使用 ● 能熟练使用热导仪检测宝石的导热性	30. 热导仪的结构和操作步骤 ● 说出热导仪的主要结构 ● 记住热导仪的操作步骤	
	12. 反射仪使用 ● 能使用反射仪测高折射率宝石的反射率	31. 反射仪的操作步骤 ● 记住反射仪的操作步骤	
	13. 红外光谱仪使用 ● 能对照红外光谱谱图初步鉴定常见宝石	32. 红外光谱仪在宝石鉴定中的应用 ● 记住红外光谱仪在宝石鉴定中的应用	
	14. 紫外—可见光谱仪使用 ● 能对照紫外—可见吸收光谱谱图初步鉴定常见宝石	33. 紫外—可见光谱仪的操作步骤和图谱 ● 说出紫外—可见光谱仪反射法和透射法的操作步骤 ● 记住典型的紫外—可见吸收光谱图	
	15. 拉曼光谱仪使用 ● 能对照拉曼光谱图库初步鉴定常见宝石	34. 拉曼光谱仪的特点 ● 说出激光拉曼光谱仪的特点	
	16. 阴极发光仪使用 ● 能通过典型阴极发光特征初步鉴识宝石	35. 阴极发光仪的特点 ● 说出阴极发光仪的特点 ● 记住典型的阴极发光特征	
5. 鉴定常见宝石	1. 鉴定证书解读 ● 能按国家标准对国内珠宝鉴定和分级证书进行解读 ● 能对常见英文版国外珠宝鉴定和分级证书进行译读	1. 宝石鉴定的流程 ● 记住宝石鉴定的一般流程 2. 鉴定证书的主要内容 ● 说出国内外主要鉴定证书的种类 ● 说出国内珠宝鉴定证书的主要内容	44

（续表）

学习任务	技能与学习要求	知识与学习要求	参考学时
5. 鉴定常见宝石	2. 红宝石鉴定 ● 能通过观察和仪器检测，描述并规范记录红宝石的主要鉴别特征 ● 能灵活运用珠宝玉石鉴定的一般流程准确鉴定红宝石	3. 红宝石的主要特征 ● 说出红宝石的基本性质 ● 记住红宝石的主要鉴别特征	
	3. 蓝宝石鉴定 ● 能通过观察和仪器检测，描述并规范记录蓝宝石的主要鉴别特征 ● 能灵活运用珠宝玉石鉴定的一般流程准确鉴定蓝宝石	4. 蓝宝石的主要特征 ● 说出蓝宝石的基本性质 ● 记住蓝宝石的主要鉴别特征	
	4. 祖母绿鉴定 ● 能通过观察和仪器检测，描述并记录祖母绿的主要鉴别特征 ● 能灵活运用珠宝玉石鉴定的一般流程准确鉴定祖母绿 ● 能通过观察和仪器检测鉴定优化处理祖母绿	5. 祖母绿的基本性质和主要产地 ● 说出祖母绿的基本性质 ● 说出祖母绿的主要产地 6. 祖母绿的主要特征 ● 记住祖母绿的主要鉴别特征	
	5. 金绿宝石鉴定 ● 能通过观察和仪器检测，描述并记录金绿宝石的主要鉴别特征 ● 能灵活运用珠宝玉石鉴定的一般流程准确鉴定金绿宝石、猫眼、变石和变石猫眼	7. 金绿宝石的基本性质和主要品种 ● 说出金绿宝石的基本性质 ● 说出金绿宝石的主要品种 8. 金绿宝石各品种的主要特征 ● 记住猫眼、变石和变石猫眼的主要鉴别特征	
	6. 绿柱石族其他宝石鉴定 ● 能通过观察和仪器检测，描述并记录绿柱石族宝石的主要鉴别特征 ● 能准确鉴定海蓝宝石、粉色绿柱石、黄色绿柱石、绿色绿柱石和其他颜色绿柱石	9. 绿柱石族宝石的基本性质和主要品种 ● 说出绿柱石的基本性质 ● 说出绿柱石的主要品种 10. 绿柱石的主要特征 ● 记住绿柱石的主要鉴别特征	

（续表）

学习任务	技能与学习要求	知识与学习要求	参考学时
5. 鉴定常见宝石	7. 石榴石鉴定 ● 能通过观察和仪器检测，描述并规范记录石榴石的主要鉴别特征 ● 能灵活运用珠宝玉石鉴定的一般流程准确鉴定石榴石	11. 石榴石的基本性质和主要品种 ● 说出石榴石的基本性质 ● 说出石榴石的主要品种 12. 石榴石的主要特征 ● 说出石榴石的主要鉴别特征	
	8. 尖晶石鉴定 ● 能通过观察和仪器检测，描述并记录尖晶石的主要鉴别特征 ● 能灵活运用珠宝玉石鉴定的一般流程准确鉴定尖晶石	13. 尖晶石的主要特征 ● 说出尖晶石的基本性质 ● 记住尖晶石的主要鉴别特征	
	9. 碧玺鉴定 ● 能通过观察和仪器检测，描述并规范记录碧玺的主要鉴别特征 ● 能灵活运用珠宝玉石鉴定的一般流程准确鉴定碧玺	14. 碧玺的主要特征 ● 说出碧玺的基本性质 ● 记住碧玺的主要鉴别特征	
	10. 橄榄石鉴定 ● 能通过观察和仪器检测，描述并规范记录橄榄石的主要鉴别特征 ● 能灵活运用珠宝玉石鉴定的一般流程准确鉴定橄榄石	15. 橄榄石的主要特征 ● 说出橄榄石的基本性质 ● 记住橄榄石的主要鉴别特征	
	11. 托帕石鉴定 ● 能通过观察和仪器检测，描述并规范记录托帕石的主要鉴别特征 ● 能灵活运用珠宝玉石鉴定的一般流程准确鉴定托帕石	16. 托帕石的主要特征 ● 说出托帕石的基本性质 ● 记住托帕石的主要鉴别特征	
	12. 锆石鉴定 ● 能通过观察和仪器检测，描述并规范记录锆石的主要鉴别特征 ● 能灵活运用珠宝玉石鉴定的一般流程准确鉴定锆石	17. 锆石的主要特征 ● 说出锆石的基本性质 ● 记住锆石的主要鉴别特征	

（续表）

学习任务	技能与学习要求	知识与学习要求	参考学时
5. 鉴定常见宝石	13. 长石族宝石鉴定 ● 能通过观察和仪器检测，描述并规范记录长石族宝石的主要鉴别特征 ● 能准确鉴定月光石、日光石、拉长石和天河石	18. 长石族宝石的基本性质和主要品种 ● 说出长石族宝石的基本性质 ● 记住长石族宝石的主要品种 19. 长石族宝石的主要特征 ● 记住月光石、日光石、拉长石和天河石的主要鉴别特征	
	14. 水晶鉴定 ● 能通过观察和仪器检测，描述并规范记录水晶的主要鉴别特征 ● 能灵活运用珠宝玉石鉴定的一般流程准确鉴定水晶	20. 水晶的基本性质和主要品种 ● 说出水晶的基本性质 ● 说出水晶的主要品种 21. 水晶的主要特征 ● 记住水晶的主要鉴别特征	
6. 鉴定常见玉石	1. 欧泊鉴定 ● 能通过观察和仪器检测，描述并规范记录欧泊的主要鉴别特征 ● 能灵活运用珠宝玉石鉴定的一般流程准确鉴定欧泊	1. 欧泊的基本性质和主要品种 ● 说出欧泊的基本性质 ● 说出欧泊的主要品种 2. 欧泊的主要特征 ● 记住欧泊的主要鉴别特征	16
	2. 翡翠鉴定 ● 能通过观察和仪器检测，描述并规范记录翡翠的主要鉴别特征 ● 能灵活运用珠宝玉石鉴定的一般流程准确鉴定翡翠	3. 翡翠的基本性质和主要品种 ● 说出翡翠的基本性质 ● 说出翡翠的主要品种 4. 翡翠的主要特征 ● 记住翡翠的主要鉴别特征	
	3. 软玉鉴定 ● 能通过观察和仪器检测，描述并规范记录软玉的主要鉴别特征 ● 能灵活运用珠宝玉石鉴定的一般流程准确鉴定软玉	5. 软玉的基本性质和主要品种 ● 说出软玉的基本性质 ● 说出软玉的主要品种 6. 软玉的主要特征 ● 记住软玉的主要鉴别特征	
	4. 独山玉鉴定 ● 能通过观察和仪器检测，描述并规范记录独山玉的主要鉴别特征 ● 能灵活运用珠宝玉石鉴定的一般流程准确鉴定独山玉	7. 独山玉的主要特征 ● 说出独山玉的基本性质 ● 记住独山玉的主要鉴别特征	

学习任务	技能与学习要求	知识与学习要求	参考学时
6. 鉴定常见玉石	5. 蛇纹石鉴定 ● 能通过观察和仪器检测，描述并规范记录蛇纹石的主要鉴别特征 ● 能灵活运用珠宝玉石鉴定的一般流程准确鉴定蛇纹石	8. 蛇纹石的基本性质和主要品种 ● 说出蛇纹石的基本性质 ● 说出蛇纹石的主要品种 9. 蛇纹石的主要特征 ● 记住蛇纹石的主要鉴别特征	
	6. 绿松石鉴定 ● 能通过观察和仪器检测，描述并规范记录绿松石的主要鉴别特征 ● 能灵活运用珠宝玉石鉴定的一般流程准确鉴定绿松石	10. 绿松石的主要特征 ● 说出绿松石的基本性质 ● 记住绿松石的主要鉴别特征	
	7. 青金石鉴定 ● 能通过观察和仪器检测，描述并规范记录青金石的主要鉴别特征 ● 能灵活运用珠宝玉石鉴定的一般流程准确鉴定青金石	11. 青金石的主要特征 ● 说出青金石的基本性质 ● 说出青金石的主要鉴别特征	
	8. 石英质玉鉴定 ● 能通过观察和仪器检测，描述并规范记录石英质玉的主要鉴别特征 ● 能灵活运用珠宝玉石鉴定的一般流程准确鉴定石英质玉	12. 石英质玉的主要特征 ● 记住石英质玉的基本性质 ● 说出石英质玉的主要鉴别特征	
	9. 玉髓鉴定 ● 能通过观察和仪器检测，描述并规范记录玉髓的主要鉴别特征 ● 能灵活运用珠宝玉石鉴定的一般流程准确鉴定玉髓	13. 玉髓的主要特征 ● 记住玉髓的基本性质 ● 说出玉髓的主要鉴别特征	
	10. 硅化玉鉴定 ● 能通过观察和仪器检测，描述并规范记录硅化玉的主要鉴别特征 ● 能灵活运用珠宝玉石鉴定的一般流程准确鉴定硅化玉	14. 硅化玉的主要特征 ● 说出硅化玉的基本性质 ● 说出硅化玉的主要鉴别特征	

学习任务	技能与学习要求	知识与学习要求	参考学时
6. 鉴定常见玉石	11. 菱锰矿鉴定 ● 能通过观察和仪器检测，描述并规范记录菱锰矿的主要鉴别特征 ● 能灵活运用珠宝玉石鉴定的一般流程准确鉴定菱锰矿	15. 菱锰矿的主要特征 ● 说出菱锰矿的基本性质 ● 说出菱锰矿的主要鉴别特征	
	12. 蔷薇辉石鉴定 ● 能通过观察和仪器检测，描述并规范记录蔷薇辉石的主要鉴别特征 ● 能灵活运用珠宝玉石鉴定的一般流程准确鉴定蔷薇辉石	16. 蔷薇辉石的主要特征 ● 说出蔷薇辉石的基本性质 ● 说出蔷薇辉石的主要鉴别特征	
	13. 孔雀石鉴定 ● 能通过观察和仪器检测，描述并规范记录孔雀石的主要鉴别特征 ● 能灵活运用珠宝玉石鉴定的一般流程准确鉴定孔雀石	17. 孔雀石的主要特征 ● 说出孔雀石的基本性质 ● 记住孔雀石的主要鉴别特征	
	14. 天然玻璃鉴定 ● 能通过观察和仪器检测，描述并规范记录天然玻璃的主要鉴别特征 ● 能灵活运用珠宝玉石鉴定的一般流程准确鉴定天然玻璃	18. 天然玻璃的主要特征 ● 说出天然玻璃的主要品种 ● 记住天然玻璃的主要鉴别特征	
7. 鉴定常见有机宝石	1. 珍珠鉴定 ● 能通过观察和仪器检测，描述并规范记录珍珠的主要鉴别特征 ● 能灵活运用珠宝玉石鉴定的一般流程准确鉴定珍珠	1. 珍珠的主要特征 ● 说出珍珠的基本性质 ● 记住珍珠的主要鉴别特征	8
	2. 珊瑚鉴定 ● 能通过观察和仪器检测，描述并规范记录珊瑚的主要鉴别特征 ● 能灵活运用珠宝玉石鉴定的一般流程准确鉴定珊瑚	2. 珊瑚的主要特征 ● 说出珊瑚的分类 ● 说出珊瑚的主要鉴别特征	

（续表）

学习任务	技能与学习要求	知识与学习要求	参考学时
7. 鉴定常见有机宝石	3. 琥珀鉴定 ● 能通过观察和仪器检测,描述并规范记录琥珀的主要鉴别特征 ● 能灵活运用珠宝玉石鉴定的一般流程准确鉴定琥珀	3. 琥珀的主要特征和品种 ● 说出琥珀的主要品种 ● 记住琥珀的主要鉴别特征	
	4. 象牙鉴定 ● 能灵活运用珠宝玉石鉴定的一般流程准确鉴定象牙	4. 象牙的主要特征 ● 说出象牙的主要鉴别特征	
	5. 煤精鉴定 ● 能灵活运用珠宝玉石鉴定的一般流程准确鉴定煤精	5. 煤精的主要特征 ● 说出煤精的主要鉴别特征	
	6. 龟甲鉴定 ● 能灵活运用珠宝玉石鉴定的一般流程准确鉴定龟甲	6. 龟甲的主要特征 ● 说出龟甲的主要鉴别特征	
	7. 贝壳鉴定 ● 能通过观察和仪器检测,描述并规范记录贝壳的主要鉴别特征 ● 能灵活运用珠宝玉石鉴定的一般流程准确鉴定贝壳	7. 贝壳的主要特征 ● 说出贝壳的基本性质 ● 记住贝壳的主要鉴别特征	
8. 鉴定常见人工宝石和优化处理宝石	1. 合成宝石鉴定 ● 能通过肉眼观察和仪器检测,准确鉴定常见的合成宝石 ● 能通过肉眼观察和仪器检测,初步判断宝石的合成方法	1. 合成宝石的主要特征和品种 ● 说出常见合成宝石的品种 ● 说出焰熔法、助熔剂法、水热法合成宝石的主要鉴别特征	12
	2. 人造宝石鉴定 ● 能通过肉眼观察和仪器检测,准确鉴定玻璃 ● 能通过肉眼观察和仪器检测,准确鉴定塑料	2. 人造宝石的主要特征 ● 记住玻璃的主要鉴别特征 ● 记住塑料的主要鉴别特征	
	3. 拼合宝石鉴定 ● 能通过肉眼观察和仪器检测,准确鉴定石榴石二层拼合石和欧泊拼合石	3. 拼合宝石的主要特征 ● 记住石榴石二层拼合石的主要鉴别特征 ● 记住欧泊拼合石的主要鉴别特征	

（续表）

学习任务	技能与学习要求	知识与学习要求	参考学时
8. 鉴定常见人工宝石和优化处理宝石	4. 再造宝石鉴定 ● 能通过肉眼观察和仪器检测,初步鉴别再造琥珀	4. 再造宝石的主要特征 ● 说出再造琥珀的主要鉴别特征	
	5. 热处理宝石鉴定 ● 能通过观察和仪器检测,初步鉴别典型的热处理宝石	5. 热处理的方法与特征 ● 简述热处理方法 ● 记住热处理宝石的主要鉴别特征	
	6. 扩散处理宝石鉴定 ● 能通过观察和仪器检测,初步鉴别典型表面扩散处理宝石 ● 能通过观察和仪器检测,初步鉴别典型体扩散处理宝石	6. 扩散处理的方法与特征 ● 说出表面扩散处理方法 ● 说出体扩散处理方法 ● 记住扩散处理宝石的主要鉴别特征	
	7. 染色处理宝石鉴定 ● 能通过观察和仪器检测,初步鉴别典型的染色处理宝石	7. 染色处理的方法与特征 ● 简述染色处理方法 ● 记住染色处理宝石的主要鉴别特征	
	8. 充填处理宝石鉴定 ● 能通过观察和仪器检测,鉴别典型的充填处理宝石	8. 充填处理的方法与特征 ● 简述充填处理方法 ● 记住充填处理宝石的主要鉴别特征 9. 辐照处理的方法与特征 ● 简述辐照处理方法 ● 说出辐照处理宝石的主要鉴别特征	
总学时			144

五、 实施建议

（一）教材编写与选用建议

1. 应依据本课程标准编写教材或选用教材,从国家和市级教育行政部门发布的教材目录中选用教材,优先选用国家和市级规划教材。

2. 教材要充分体现育人功能,紧密结合教材内容、素材,有机融入课程思政要求,将课程思政内容与专业知识、技能有机统一。

3. 应树立以学生为中心的教材观,在设计教材结构和组织教材内容时遵循中职学生的认知特点与学习规律。

4. 教材编写应以珠宝鉴定师所需的珠宝玉石鉴定能力为逻辑线索,按照职业能力培养由易到难、由简单到复杂、由单一到综合的规律,搭建教材的结构框架,确定教材各部分的目标、内容,并进行相应的任务、活动设计等,从而建立起一个结构清晰、层次分明的教材内容体系。

5. 教材在整体设计和内容选取时,要注重引入珠宝首饰行业发展的新业态、新知识、新技术、新方法,贴近工作实际,体现先进性和实用性,创设或引入职业情境,增强教材的职场感。

6. 教材应以学生为本,增强对学生的吸引力,贴近学生生活、贴近职场,采用生动活泼的、学生乐于接受的语言、图表、视频、动画等形式来呈现内容,让学生在使用教材时有亲切感、真实感。

(二)教学实施建议

1. 切实推进课程思政在教学中的有效落实,寓价值观引导于知识传授和能力培养之中,帮助学生塑造正确的世界观、人生观、价值观。深入梳理教学内容,结合课程特点,充分挖掘课程内容中的思政元素,把思政教学与专业知识、技能教学融为一体,达到润物无声的育人效果。

2. 充分体现职业教育"实践导向、任务引领、理实一体、做学合一"的课改理念,紧密联系珠宝首饰企业生产实际,以珠宝检测典型任务为载体,加强理论教学与实践教学的结合,充分利用各种实训场所与设备,促进教学方式转变。

3. 坚持以学生为中心的教学理念,充分尊重学生,教师应成为学生学习的组织者、指导者和同伴,遵循学生的认知特点和学习规律,以"学"为中心设计和组织教学活动。

4. 改变传统的灌输式教学,充分调动学生学习的积极性、能动性,采取灵活多样的教学方式,积极探索自主学习、合作学习、探究式学习、问题导向式学习、体验式学习、混合式学习等体现教学新理念的教学方式。

5. 有效利用现代信息技术手段,结合教学内容,使用珠宝玉石鉴定图片、视频等媒介,改进教学方法与手段,提升教学效果。

6. 注重培养学生良好的学习习惯,把法治意识、规范意识、安全意识、质量意识和工匠精神、创新思维融入教学活动,促进学生综合职业素养的养成。

(三)教学评价建议

1. 以课程标准为依据,开展基于标准的教学评价。

2. 以评促教、以评促学,通过课堂教学及时评价,不断改进教学手段。

3. 教学评价始终坚持德技并重的原则,构建德技融合的专业课教学评价体系,把德育和职业素养的评价内容与要求细化为具体的评价指标,有机融入专业知识与技能的评价指标

体系,形成可观察、可测量的评价量表,综合评价学生学习情况。通过有效评价,在日常教学中不断促进学生良好思想品德和职业素养的形成。

4. 注重日常教学中对学生学习的评价,充分利用多种过程性评价工具,如评价表、记录袋等,积累过程性评价数据,形成过程性评价与终结性评价相结合的评价模式。

5. 在日常教学中开展对学生学习的评价时,充分利用信息化手段,使用各类较成熟的教育评价平台,探索教育数字化转型背景下的评价模式。

(四) 资源利用建议

1. 开发适合教学使用的多媒体教学资源库和多媒体教学课件。幻灯片、投影、操作录屏、微课等资源有利于创设形象生动的学习情境,激发学生的学习兴趣,促进学生对专业知识的理解和掌握。建议加强常用珠宝玉石鉴定课程资源的开发,建立线上、线下课程资源的数据库,努力实现学校间的课程资源共享。

2. 积极开发和利用网络课程资源,引导学生善用丰富的在线资源,自主学习与珠宝鉴定师岗位所需能力相关的指导视频;充分利用电子期刊、数字图书馆、教育网站和网络论坛等资源,使教学媒体从单一媒体向多媒体转变,教学活动从信息的单向传递向双向交换转变,学习方式从单独学习向合作学习转变。

3. 产学合作开发专业课程实训资源,充分利用珠宝首饰行业典型资源,加强与珠宝检测机构的合作,建立实习实训基地,满足学生的实习实训需求。

4. 建立珠宝玉石鉴定实训室,使之具备现场教学、实验实训、"1 + X"职业技能等级证书学习的综合功能,实现教学与培训合一、教学与实训合一、教学与考证合一,满足学生综合职业能力培养的要求。

珠宝首饰销售课程标准

课程名称

珠宝首饰销售

适用专业

中等职业学校首饰设计与制作专业

一、 课程性质

珠宝首饰销售是中等职业学校首饰设计与制作专业的一门专业核心课程,也是该专业的一门专业必修课程。其功能是使学生掌握珠宝首饰销售的基本理论和基本应用技能。本课程是珠宝玉石鉴定课程的后续课程,也是学生学习其他专业课程的基础。

二、 设计思路

本课程的总体设计思路是:遵循任务引领、理实一体、学以致用的原则,根据首饰设计与制作专业的工作任务与职业能力分析结果,以珠宝首饰销售相关工作所需的职业能力为依据而设置。

课程内容紧紧围绕珠宝首饰销售所需职业能力培养的需要,选取了珠宝首饰售前准备、珠宝首饰售中接待、珠宝首饰售后服务、珠宝首饰经营管理、珠宝首饰陈列等内容,遵循适度够用的原则,确定相关理论知识、专业技能与要求。

课程内容组织以珠宝首饰销售工作流程为线索,从易到难,设有珠宝首饰售前准备、珠宝首饰售中接待、珠宝首饰售后服务、珠宝首饰经营管理、珠宝首饰陈列 5 个学习任务。以任务为引领,通过任务整合相关知识、技能与职业素养。

本课程建议学时数为 36 学时。

三、 课程目标

通过本课程的学习,学生能具备珠宝首饰销售的基本理论知识,掌握珠宝首饰销售的基本技能,遵守珠宝首饰销售的职业道德,知晓珠宝首饰售前准备、珠宝首饰售中接待、珠宝首饰售后服务以及珠宝首饰经营管理和珠宝首饰陈列的操作规范,达到珠宝首饰销售的基本要求,具体达成以下职业素养和职业能力目标。

(一)职业素养目标

- 遵纪守法、爱岗敬业、诚实守信,自觉遵守与珠宝首饰行业相关的职业道德和法律法规、行业规定。

● 热爱珠宝首饰营销,逐渐养成科学健康的审美观和创造美的意识,具备一定的搭配和布局能力。

● 具备认真负责、严谨细致、专注耐心、精益求精的职业态度,热爱中国传统珠宝首饰,传播和弘扬中华优秀传统文化。

● 在珠宝首饰销售过程中具备商品安全意识,遵守操作规范、流程。

● 具备较强的沟通能力,熟悉谈判技巧和语言艺术。

(二)职业能力目标

● 能在珠宝售前进行安全检查。

● 能在珠宝售前做好销售环境、商品、工具,以及仪容、仪表、仪态的准备。

● 能在珠宝首饰推荐过程中使用商业服务文明礼貌用语,语言表达规范。

● 能在珠宝首饰销售过程中安全保管珠宝首饰。

● 能通过沟通了解顾客需求,为顾客提供珠宝首饰推荐服务。

● 能在答复顾客咨询时,介绍中国传统珠宝首饰的品种和寓意,引导顾客和大众欣赏中国传统珠宝首饰之美。

● 能在珠宝售中处理常见异议和矛盾,积极消除消费疑虑,维护良好顾客关系。

● 能指导顾客维护保养与清洗首饰。

● 能根据行业规定,受理顾客售后要求。

● 能在营业结束时做好清理检查工作。

● 能照单进行珠宝首饰商品数量与质量的柜台验收。

● 能正确记录柜组台账,并按要求做好柜组核算。

● 能根据产品和主题等,完成珠宝首饰柜台陈列、橱窗陈列、营业场所布置等工作。

四、课程内容与要求

学习任务	技能与学习要求	知识与学习要求	参考学时
1. 珠宝首饰售前准备	1. 严格遵守珠宝首饰销售职业道德和原则 ● 能在销售过程中严格遵守职业道德 ● 能在销售过程中严格遵守珠宝首饰销售基本原则	1. 珠宝首饰销售职业道德 ● 简述珠宝首饰营业员职业道德 2. 珠宝首饰销售的流程和原则 ● 简述珠宝首饰销售基本流程 ● 简述珠宝首饰销售基本原则	8

学习任务	技能与学习要求	知识与学习要求	参考学时
1. 珠宝首饰售前准备	2. 售前检查营业场所安全 ● 能严格遵守珠宝营业场所安全管理制度 ● 能在销售前对珠宝营业环境进行安全检查	3. 珠宝首饰销售安全制度 ● 简述珠宝销售安全管理制度 ● 列举珠宝销售安全防范措施及应急处理方案 4. 珠宝首饰售前安全检查 ● 简述珠宝售前安全检查内容 ● 举例说明珠宝售前安全检查要求	
	3. 珠宝首饰销售环境准备 ● 能在销售前维护和保持整个销售场所的良好环境	5. 珠宝首饰销售环境的准备内容与要求 ● 简述珠宝首饰销售环境的准备内容 ● 描述珠宝首饰销售环境的准备要求	
	4. 珠宝首饰销售商品准备 ● 能按规定将珠宝首饰从保险柜或仓库中提取出来 ● 能在售前准备时注意及时调整和补充畅销品种和款式	6. 珠宝首饰销售商品的准备内容与要求 ● 记住珠宝商品的准备内容 ● 简述珠宝商品的准备要求	
	5. 珠宝首饰销售工具准备 ● 能准备好小型克拉秤、指环量尺等计量器具，及镊子、10倍放大镜等检验工具 ● 能准备好计价用品、包装用品，妥善保管 ● 能整理好珠宝首饰鉴定证书，将证书号与商品号一一对应，鉴定证书分门别类摆放	7. 珠宝首饰销售工具的种类 ● 举例说明销售工具的种类（如计量器具、计价用品、检验工具、鉴定证书等） ● 举例说明不同销售工具的准备要求	
	6. 个人准备 ● 能根据企业规定做好自身清洁卫生、整理好发型、适度化淡妆 ● 能根据企业规定进行着装、注意搭配 ● 能根据企业规定进行饰物佩戴 ● 能在为顾客服务时站姿端正、走姿稳健、动作协调优美	8. 个人仪容的准备内容和要求 ● 说出个人仪容的准备内容 ● 记住个人仪容的准备要求 9. 个人仪表的准备内容和要求 ● 说出个人仪表的准备内容 ● 记住个人仪表的准备要求 10. 个人仪态的准备内容和要求 ● 说出个人仪态的准备内容 ● 记住个人仪态的准备要求	

（续表）

学习任务	技能与学习要求	知识与学习要求	参考学时
2. 珠宝首饰售中接待	1. 接待顾客 ● 能在销售过程中正确使用商业服务用语 ● 能在销售过程中主动、热情地接待顾客 ● 能根据顾客特点，准确分析顾客需求，主动提供合适的服务	1. 商业服务用语 ● 简述柜台日常用语要求 ● 列举柜台常用服务用语 2. 接待原则 ● 简述柜台接待工作的原则 ● 说出柜台接待工作的注意事项	8
	2. 保管商品 ● 能正确进行柜台商品的保管工作 ● 能将珠宝首饰分门别类、分专柜、分专区摆放 ● 能确保商品安全及正常销售	3. 商品安全 ● 描述销售过程中柜台商品的安全操作规范 ● 说出商品补货、商品入库的安全操作规范 4. 柜台保管要求和注意事项 ● 简述柜台保管安全基本要求 ● 说出柜台保管注意事项	
	3. 展示商品 ● 能根据珠宝首饰的品种、款式特点，采用不同的展示方法 ● 能根据珠宝首饰品种、展示目的不同，熟练使用常规仪器展示珠宝首饰	5. 仪器法 ● 简述常规仪器展示的对象、内容、具体方法 ● 举例说明常规仪器展示的注意事项 6. 敞开法 ● 简述针对不同品种、款式的珠宝首饰操作敞开法的要点 ● 说出敞开法的注意事项 7. 示范法 ● 简述示范法的不同展示方式 ● 说出示范法的注意事项	
	4. 推荐商品 ● 能根据顾客性别、年龄、脸型、手型等特征推荐相应的珠宝首饰 ● 能根据顾客的购买需求，介绍珠宝首饰的主要特征，如设计、性能、品质、价格等	8. 珠宝首饰的搭配要求 ● 简述珠宝首饰与性别、年龄、脸型、手型的搭配要求 ● 解释形的视错现象 9. 珠宝首饰文化 ● 简述传统珠宝首饰的品种和寓意	

（续表）

学习任务	技能与学习要求	知识与学习要求	参考学时
	● 能在答复顾客咨询时,适时介绍中国传统珠宝首饰的品种和寓意,传播和弘扬中华优秀传统文化 ● 能介绍世界各地、中外各民族首饰特点 ● 能揣摩顾客心理,适时把握成交机会	● 归纳不同民族珠宝首饰的佩戴习俗和特点 10. 售货服务技巧 ● 简述顾客购买过程中的心理活动过程、特点及规律 ● 分析归纳顾客的不同需求和动机	
2. 珠宝首饰售中接待	5. 外宾接待 ● 能用外语与外宾进行简单沟通	11. 外宾接待用语 ● 举例说明常见外宾接待用英语词汇 ● 举例说明外宾接待简单英语句型 12. 珠宝首饰专业词汇 ● 举例说明常见珠宝首饰专业英语词汇	
	6. 处理交易纠纷 ● 能及时处理常见交易纠纷事件 ● 能冷静地接受顾客投诉,并针对不同交易纠纷产生的原因采取不同处理方法 ● 能积极消除顾客消费疑虑,维护良好顾客关系	13. 交易纠纷的类型和原因 ● 简述交易纠纷的类型 ● 简述不同类型交易纠纷产生的原因 14. 投诉处理方法 ● 简述接待顾客投诉的原则 ● 举例说明常见投诉处理方法 15. 销售服务忌语和语言技巧 ● 举例说明交易纠纷处理过程中的忌语 ● 描述交易纠纷处理过程中的语言技巧	
	7. 交付商品 ● 能熟练完成珠宝首饰的包装 ● 能准确填写并辨别销售票据、发票	16. 珠宝首饰包装的操作规范和注意事项 ● 简述珠宝首饰包装的操作规范 ● 说出珠宝首饰包装的注意事项 17. 销售票据的开具流程和使用规定 ● 简述销售票据的开具流程 ● 说出不同类型票据的使用规定、注意事项及要求	

（续表）

学习任务	技能与学习要求	知识与学习要求	参考学时
3. 珠宝首饰售后服务	1. 建立顾客档案 ● 能按照要求建立顾客档案，并及时更新、分类管理	1. 顾客档案的内容和管理要求 ● 简述顾客档案的内容 ● 简述顾客档案动态管理的要求	8
	2. 维护与保养珠宝首饰 ● 能指导顾客维护、保养珠宝首饰 ● 能为顾客清洗珠宝首饰	2. 珠宝首饰维护保养的内容与要求 ● 说出珠宝首饰维护保养的内容 ● 简述珠宝首饰维护保养的要求 3. 珠宝首饰的清洗适用对象和步骤 ● 举例说明超声波清洗仪的适用对象 ● 说出珠宝首饰的清洗步骤	
	3. 受理保修 ● 能根据顾客要求保修检查相关项目 ● 能在保修检查完毕后正确填写保修单 ● 能检验旧珠宝首饰并正确计算差价	4. 保修检查的内容 ● 简述保修检查的内容 5. 常见可修复性损伤类型 ● 举例说明珠宝首饰常见可修复性损伤类型 6. 保修单 ● 简述保修单内容 ● 说出保修单填写要求 7. 修理与交付的步骤和要求 ● 简述珠宝首饰修理与交付的步骤 ● 说出珠宝首饰修理与交付的要求 8. 以旧换新的要求和方法 ● 简述以旧换新的要求 ● 说出差价计算方法	
	4. 营业结束清理检查 ● 能在营业结束后整理好柜台销售票据、包装用品、商品等 ● 能在营业结束后做好营业场地、珠宝首饰柜台清洁工作 ● 能在营业结束后全面检查营业场地的安全措施	9. 营业结束清理检查工作的要求与流程 ● 简述营业结束后营业环境的整理要求 ● 简述营业场地安全设施的检查流程	
4. 珠宝首饰经营管理	1. 识别商品编号 ● 能识别本企业珠宝首饰商品编号	1. 珠宝首饰编号的内容 ● 简述珠宝首饰编号的内容	6

学习任务	技能与学习要求	知识与学习要求	参考学时
4. 珠宝首饰经营管理	2. 验收柜台 ● 能准确无误地照单完成珠宝首饰商品的品种验收 ● 能准确无误地照单完成珠宝首饰商品的数量验收 ● 能完成珠宝首饰商品的质量验收 ● 能根据发货单及珠宝首饰价签单完成签单校对 ● 能将珠宝首饰商品实物与证书上的照片进行核对 ● 能在品种、数量、质量核对无误后正确填写商品验收单	2. 品种验收的操作流程和要求 ● 简述珠宝首饰品种验收的具体操作流程 ● 说出珠宝首饰品种验收的要求 3. 数量验收的操作流程和要求 ● 简述珠宝首饰数量验收的具体操作流程 ● 说出珠宝首饰数量验收的要求 4. 质量验收的操作流程和要求 ● 简述不同品种珠宝首饰质量验收的侧重点 ● 说出珠宝首饰质量验收的要求 5. 珠宝首饰验收校对的内容和要求 ● 简述珠宝首饰验收校对内容 ● 说出珠宝首饰验收校对要求 6. 商品验收单的填写内容与要求 ● 简述商品验收单的填写内容 ● 说出商品验收单的填写要求	
	3. 记录柜组台账 ● 能正确记录柜组台账 ● 能根据企业要求做好柜组核算	7. 柜组台账的记录要求 ● 简述柜组台账的记录要求 8. 柜组核算的内容和方法 ● 简述柜组核算的内容 ● 举例说明柜组核算的基本方法	
	4. 交接班 ● 能按照企业的规章制度完成交接班手续 ● 能在营业结束后清点货款、票据、报账 ● 能在营业结束后正确填写值班日志 ● 能在营业结束后做好有关物品的封存工作 ● 能在营业结束后做好清理检查工作	9. 柜组交接班的内容与要求 ● 简述柜组交接班工作的具体内容 ● 简述柜组交接班工作的基本要求	

学习任务	技能与学习要求	知识与学习要求	参考学时
4. 珠宝首饰经营管理	5. 盘点珠宝首饰 ● 能按企业要求完成盘点工作 ● 能根据盘点结果，找出经营管理上存在的问题，加强珠宝首饰管理工作	10. 盘点的步骤与要求 ● 简述珠宝首饰盘点的步骤 ● 简述珠宝首饰盘点的要求	
	6. 撰写商业应用文 ● 能撰写通知、条据、启示、申请书、商品介绍等商业应用文	11. 商业应用文的类型与写作要求 ● 举例说明常见商业应用文的类型 ● 简述不同商业应用文的写作要求	
5. 珠宝首饰陈列	1. 陈列设计 ● 能对展示的珠宝首饰进行设计、组织，使之构成理想的画面 ● 能根据展示内容和环境正确选择陈列载体色彩 ● 能根据珠宝首饰颜色、种类、造型、风格特点选用相匹配的道具、装饰物 ● 能根据珠宝首饰性质、特点，配置科学合理的灯光	1. 常见陈列方式的特点与要求 ● 举例说明常见首饰陈列方式的特点 ● 举例说明常见首饰陈列方式的要求 2. 珠宝首饰道具搭配的要点 ● 举例说明道具与珠宝首饰搭配的要点 ● 举例说明道具与陈列载体搭配的要点 3. 珠宝首饰陈列色彩要点 ● 简述珠宝首饰、道具、陈列载体、环境色彩的搭配要点 ● 举例说明珠宝首饰陈列常见色彩组合 4. 珠宝首饰陈列装饰物类型与搭配要点 ● 说出常见珠宝首饰陈列装饰物的类型 ● 说出珠宝首饰、装饰物、陈列空间的搭配要点 5. 珠宝首饰陈列灯光布置要求 ● 举例说明珠宝首饰柜台的灯光配置要求 ● 举例说明珠宝首饰橱窗的灯光配置要求	6
	2. 陈列珠宝首饰柜台 ● 能根据柜台特点正确选择需展示的珠宝首饰品种和数量 ● 能按照要求合理摆放珠宝首饰，布置珠宝首饰陈列柜台	6. 珠宝首饰柜台的特点与功能 ● 说出珠宝首饰柜台的特点 ● 说出珠宝首饰柜台的功能 7. 展品的选择原则 ● 简述柜台展品品种选择原则 ● 简述柜台展品数量选择原则 8. 珠宝首饰柜台的陈列要求和注意事项 ● 简述珠宝首饰柜台商品陈列的基本要求 ● 简述珠宝首饰柜台商品陈列的注意事项	

学习任务	技能与学习要求	知识与学习要求	参考学时
5. 珠宝首饰陈列	3. 陈列珠宝首饰橱窗 ● 能根据橱窗类型正确选择展示的珠宝首饰品种和数量 ● 能根据商品和主题等进行橱窗陈列	9. 橱窗的基本结构和种类 ● 简述橱窗的基本结构 ● 说出橱窗的种类 10. 珠宝首饰橱窗展品的选择原则 ● 简述珠宝首饰橱窗展品种选择原则 ● 简述珠宝首饰橱窗展品数量选择原则 11. 珠宝首饰橱窗陈列的基本要求和注意事项 ● 简述珠宝首饰橱窗陈列的基本要求 ● 简述珠宝首饰橱窗陈列的注意事项	
	4. 布置营业场所 ● 能根据商品和主题等参与营业场所布置	12. 柜台布局的搭配要求和方法 ● 说出地面、顶棚、柜台的搭配要求 ● 举例说明营业场所常见柜台布局方法 13. 墙壁的布置内容和要求 ● 举例说明营业场所常见墙壁的装饰内容 ● 说出营业场所墙壁的布置要求 14. 灯光的搭配和布置要求 ● 说出营业场所灯光与柜台、橱窗灯光的搭配要求 ● 简述营业场所灯光分区及灯光色彩的布置要求 15. 气氛的要求和营造方法 ● 说出营业场所的气氛要求 ● 举例说明常见气氛的营造方法 16. 营业场所设计布置的基本要求和注意事项 ● 简述营业场所设计布置的基本要求 ● 简述营业场所设计布置的注意事项	
总学时			36

五、实施建议

(一)教材编写与选用建议

1. 应依据本课程标准编写教材或选用教材,从国家和市级教育行政部门发布的教材目录中选用教材,优先选用国家和市级规划教材。

2. 教材要充分体现育人功能,紧密结合教材内容、素材,有机融入课程思政要求,将课程思政内容与专业知识、技能有机统一。

3. 应树立以学生为中心的教材观,在设计教材结构和组织教材内容时遵循中职学生的认知特点与学习规律。

4. 教材编写应以珠宝首饰营业员所需的珠宝首饰销售能力为逻辑线索,按照职业能力培养由易到难、由简单到复杂、由单一到综合的规律,搭建教材的结构框架,确定教材各部分的目标、内容,并进行相应的任务、活动设计等,从而建立起一个结构清晰、层次分明的教材内容体系。

5. 教材在整体设计和内容选取时,要注重引入珠宝首饰行业发展的新业态、新知识、新技术、新方法,贴近工作实际,体现先进性和实用性,创设或引入职业情境,增强教材的职场感,拓宽教材适应面。

6. 教材应以学生为本,增强对学生的吸引力,贴近学生生活、贴近职场,采用生动活泼的、学生乐于接受的语言、图表、视频、动画等形式来呈现内容,让学生在使用教材时有亲切感、真实感。

(二)教学实施建议

1. 切实推进课程思政在教学中的有效落实,寓价值观引导于知识传授和能力培养之中,帮助学生塑造正确的世界观、人生观、价值观。深入梳理教学内容,结合课程特点,充分挖掘课程内容中的思政元素,把思政教学与专业知识、技能教学融为一体,达到润物无声的育人效果。

2. 充分体现职业教育"实践导向、任务引领、理实一体、做学合一"的课改理念,紧密联系珠宝首饰企业生产实际,以珠宝首饰销售典型任务为载体,加强理论教学与实践教学的结合,充分利用各种实训场所与设备,促进教学方式转变。

3. 坚持以学生为中心的教学理念,充分尊重学生。教师应成为学生学习的组织者、指导者和同伴,遵循学生的认知特点和学习规律,以"学"为中心设计和组织教学活动。

4. 改变传统的灌输式教学,充分调动学生学习的积极性、能动性,遵循"教学有法、教无定法"的思想,注重因材施教。采取灵活多样的教学方式,积极探索自主学习、合作学习、探究式学习、问题导向式学习、体验式学习、混合式学习等体现教学新理念的教学方式。

5. 有效利用现代信息技术手段,结合教学内容,使用珠宝首饰销售视频、柜台陈列图片等媒介,改进教学方法与手段,提升教学效果。

6. 注重培养学生良好的学习习惯,把法治意识、规范意识、安全意识和质量意识、创新思维融入教学活动,促进学生综合职业素养的养成。

（三）教学评价建议

1. 以课程标准为依据,开展基于标准的教学评价。

2. 以评促教、以评促学,通过课堂教学及时评价,不断改进教学手段。

3. 教学评价始终坚持德技并重的原则,构建德技融合的专业课教学评价体系,把德育和职业素养的评价内容与要求细化为具体的评价指标,有机融入专业知识与技能的评价指标体系,形成可观察、可测量的评价量表,综合评价学生学习情况。通过有效评价,在日常教学中不断促进学生良好思想品德和职业素养的形成。

4. 注重日常教学中对学生学习的评价,充分利用多种过程性评价工具,如评价表、记录袋等,积累过程性评价数据,形成过程性评价与终结性评价相结合的评价模式。

5. 在日常教学中开展对学生学习的评价时,充分利用信息化手段,使用各类较成熟的教育评价平台,探索教育数字化转型背景下的评价模式。

（四）资源利用建议

1. 开发适合教学使用的多媒体教学资源库和多媒体教学课件。幻灯片、投影、操作录屏、微课等资源有利于创设形象生动的学习情境,激发学生的学习兴趣,促进学生对专业知识的理解和掌握。建议加强常用珠宝首饰销售课程资源的开发,建立线上、线下课程资源的数据库,努力实现学校间的课程资源共享。

2. 积极开发和利用网络课程资源,引导学生善用丰富的在线资源,自主学习与珠宝首饰销售所需能力相关的指导视频;充分利用电子期刊、数字图书馆、教育网站和网络论坛等资源,使教学媒体从单一媒体向多媒体转变,教学活动从信息的单向传递向双向交换转变,学习方式从单独学习向合作学习转变。

3. 产学合作开发专业课程实训资源,充分利用珠宝首饰行业典型资源,加强与珠宝首饰企业、门店的合作,建立实习实训基地,满足学生的实习实训需求。

4. 建立珠宝营销实训室,使之能进行珠宝首饰销售等能力实训,鼓励学生利用课余时间到珠宝营销实训室进行珠宝首饰销售实训,将教学与培训合一、趣味性与实用性合一,满足学生首饰设计与制作相关职业能力培养的要求。

上海市中等职业学校专业教学标准开发

总项目主持人　谭移民

上海市中等职业学校
首饰设计与制作专业教学标准开发
项目组成员名单

项 目 组 长　　周　健　　　上海信息技术学校
项目副组长　　蔡　璇　　　上海市材料工程学校
　　　　　　　夏旭秀　　　上海信息技术学校
项目组成员　（按姓氏笔画排序）
　　　　　　　孙秀红　　　上海信息技术学校
　　　　　　　孙铭燕　　　上海市材料工程学校
　　　　　　　杨　阳　　　上海市材料工程学校
　　　　　　　杨　丽　　　上海市逸夫职业技术学校
　　　　　　　张　丽　　　上海市材料工程学校
　　　　　　　陈福玲　　　上海信息技术学校
　　　　　　　黄　海　　　上海市材料工程学校
　　　　　　　韩白沙　　　上海市材料工程学校
　　　　　　　景丽娟　　　上海信息技术学校
　　　　　　　颜如玉　　　上海逸夫职业技术学校
　　　　　　　戴芳芳　　　上海信息技术学校

上海市中等职业学校
首饰设计与制作专业教学标准开发
项目组成员任务分工表

姓　名	所　在　单　位	承　担　任　务
周　健	上海信息技术学校	教学标准研究和推进
蔡　璇	上海市材料工程学校	教学标准研究、文本审核
夏旭秀	上海信息技术学校	教学标准研究、主笔撰写、文本审核、校对、统稿 首饰雕蜡课程标准研究与撰写
张　丽	上海市材料工程学校	教学标准研究、参与撰写、文本审核、校对、统稿 珠宝玉石鉴定课程标准研究与撰写
杨　丽	上海市逸夫职业技术学校	教学标准研究、参与撰写、文本审核、校对、统稿 图案表现课程标准研究与撰写
韩白沙	上海市材料工程学校	教学标准研究、参与撰写、文本统稿、校对 首饰图形图像处理课程标准研究与撰写
孙秀红	上海信息技术学校	教学标准研究、参与撰写 基础绘画课程标准研究与撰写
孙铭燕	上海市材料工程学校	教学标准研究、参与撰写 构成设计课程标准研究与撰写
陈福玲	上海信息技术学校	教学标准研究、参与撰写 首饰金工基础制作课程标准研究与撰写
杨　阳	上海市材料工程学校	教学标准研究、参与撰写 首饰手绘表现课程标准研究与撰写
黄　海	上海市材料工程学校	教学标准研究、参与撰写 首饰制作与镶嵌课程标准研究与撰写
景丽娟	上海信息技术学校	教学标准研究、参与撰写 珠宝首饰销售课程标准研究与撰写
颜如玉	上海逸夫职业技术学校	教学标准研究、参与撰写 首饰创意设计课程标准研究与撰写
戴芳芳	上海信息技术学校	教学标准研究、参与撰写 首饰 3D 建模课程标准研究与撰写

图书在版编目（CIP）数据

上海市中等职业学校首饰设计与制作专业教学标准 /
上海市教师教育学院（上海市教育委员会教学研究室）编.
上海：上海教育出版社, 2024. 11. — ISBN 978-7-5720-
3165-6

Ⅰ. TS934.3-41

中国国家版本馆CIP数据核字第2024TG1627号

责任编辑　茶文琼　王　晔
封面设计　王　捷

上海市中等职业学校首饰设计与制作专业教学标准
上海市教师教育学院（上海市教育委员会教学研究室）　编

出版发行　上海教育出版社有限公司
官　　网　www.seph.com.cn
地　　址　上海市闵行区号景路159弄C座
邮　　编　201101
印　　刷　上海叶大印务发展有限公司
开　　本　787×1092　1/16　印张 9.75
字　　数　189 千字
版　　次　2025年3月第1版
印　　次　2025年3月第1次印刷
书　　号　ISBN 978-7-5720-3165-6/G·2799
定　　价　45.00 元

如发现质量问题，读者可向本社调换　电话：021-64373213